高等学校材料类新形态系列教材

金属塑性成形CAE技术及应用

——基于DYNAFORM和DEFORM的案例分析

张存生　　王延庆　等 编著

化学工业出版社

·北京·

内容简介

本书立足于CAE技术在金属塑性成形过程模拟中的实际应用，从多个典型的工程实例出发，详细讲解利用DYNAFORM软件和DEFORM软件分析建模和解决问题的过程，为合理选择设备、确定工艺参数和优化模具结构提供理论依据。为方便读者学习，本书还提供了配套视频课程及相关拓展资源。

本书可作为大专院校材料成形及控制工程专业的参考教材，也可作为从事CAE分析工作的工程技术人员学习的参考书。

图书在版编目（CIP）数据

金属塑性成形CAE技术及应用：基于DYNAFORM和DEFORM的案例分析/张存生等编著．—北京：化学工业出版社，2022.4（2023.7重印）

高等学校材料类新形态系列教材

ISBN 978-7-122-40840-2

Ⅰ．①金… Ⅱ．①张… Ⅲ．①金属压力加工－塑性变形－有限元分析－应用软件－高等学校－教材 Ⅳ．① TG3-39

中国版本图书馆CIP数据核字（2022）第029026号

责任编辑：王清颢 张兴辉　　　　　　文字编辑：孙月蓉 陈小滔
责任校对：宋 玮　　　　　　　　　　装帧设计：王晓宇

出版发行：化学工业出版社 （北京市东城区青年湖南街13号　邮政编码100011）
印　　装：北京天宇星印刷厂
710mm×1000mm　1/16　印张8½　字数140千字　2023年7月北京第1版第3次印刷

购书咨询：010-64518888　　　　　　　　售后服务：010-64518899
网　　址：http://www.cip.com.cn
凡购买本书，如有缺损质量问题，本社销售中心负责调换。

定　　价：55.00元

随着计算机软硬件技术的发展，CAE（Computer Aided Engineering，计算机辅助工程）在航空、航天、制造、土木、建筑等领域获得越来越广泛的应用。通过使用 CAE 技术，不仅可以减少设计失误，提高产品质量，还可以缩短开发周期，降低生产成本。

塑性成形是金属材料加工的主要方法之一，它是利用金属塑性使材料在外力作用下成形的一种加工方法。塑性成形 CAE，就是将 CAE 技术应用到塑性成形过程中，通过对塑性成形过程进行数值模拟，预测金属成形过程中出现的产品缺陷，以便优化模具结构，改进成形工艺。本书立足于 CAE 技术在金属塑性成形过程模拟中的实际应用，从多个典型的工程实例出发，详细讲解利用 DYNAFORM 软件和 DEFORM 软件分析建模和解决问题的过程，为合理选择设备、确定工艺参数和优化模具结构提供理论依据。为便于读者参考、学习，本书还提供了配套视频课程及相关拓展资源，扫书后二维码即可获取。本书可作为大专院校材料成型及控制工程专业的参考教材，也可作为从事 CAE 分析工作的工程技术人员的参考书。

本书共分 8 章，第 1 章简单介绍有限元分析的步骤以及网格划分原则；第 2 章介绍了板料成形软件 DYNAFORM 的系统结构、模型 CAD 接口以及利用该软件的分析流程；第 3 章以 S 梁为例，详细介绍利用 DYNAFORM 软件的 QuickSetup（快速设置）进行前处理参数设置，讲解有限元建模和后处理分析的全过程；第 4 章以圆筒形制件拉深为例，详细讲解利用 DYNAFORM 软件的 UserSetup（传统设置）进行圆筒形制件拉深成形有限元分析的全过程；第 5 章主要介绍 DEFORM 软件功能、界面特征、模块结构以及操作流程；第 6 章以方砖镦粗成形过程为例，详细讲解利用 DEFORM 软件进行有限元分析的基本过程；第 7 章以方环镦粗成形为例，讲解利用 DEFORM 软件对具有对称特征的制件的模拟分析过程；第 8 章以实心圆棒的挤压过程为例，讲解利用 DEFORM 进行热成形分析的设置步骤以及 DEFORM 用户自定义子程序的开发与应用等。本书由张存生、王延庆编著，由张存生统稿，参与该书编写工作的还有陈良、孟子杰。

本书文后所列参考文献对本书的编写起了重要参考作用，在此谨向它们的编著者表示衷心感谢。对于书中疏漏或不当之处，望读者批评指正。

编著者
2021 年 12 月

第 1 章
有限元基础知识

第 2 章
初识 eta/DYNAFORM

第 5 章
DEFORM 6.1 软件及功能介绍 69

第 6 章
方砖镦粗成形过程 DEFORM 模拟分析 74

第 7 章
方环镦粗成形过程 DEFORM 模拟分析　　　　94

第 8 章
热挤压模具磨损行为 DEFORM 仿真分析　　　100

第 1 章

有限元基础知识

1.1
有限元方法概括

随着计算机软硬件技术的发展，计算机辅助工程（Computer Aided Engineering，CAE）在航空、航天、制造、土木、建筑等领域获得越来越广泛的应用。塑性成形 CAE，就是将 CAE 技术应用到塑性成形过程中，通过对塑性成形过程进行数值模拟，预测金属成形过程中可能出现的产品缺陷，从而优化模具结构，改进成形工艺。

CAE 的核心技术有限元法是一种求解场问题的数值方法，其数学基础就是变分原理。有限元方法是 20 世纪 60 年代发展起来的新的数值计算方法，是计算机时代的产物。虽然有限元的概念早在 20 世纪 40 年代就有人提出，但当时它并未受到人们的重视。在 20 世纪 70 年代初期就有人给出结论：有限元法在产品结构设计中的应用，使机电产品设计产生革命性的变化，即理论设计代替了经验类比设计。目前，有限元法仍在不断发展，理论不断得以完善，各种有限元分析程序包的功能越来越强大，使用也越来越方便。

有限元分析（Finite Element Analysis，FEA）的基本概念是用较简单的问题代替复杂问题后再求解。它将求解域看作是由诸多称为有限元的微小互连子域组成，对每一单元假定一个合适的 (较简单的) 近似解，然后推导求解这个域总的满足条件（如结构的平衡条件），从而得到问题的解。考虑到实际问题被较简单的问题所代替，因此这个解不是准确解，而是近似解。由于大多数实际问题难以得到准确解，而有限元不仅计算精度高，而且能适应各种复杂形状，有限元法在各个工程领域中不断得到深入应用，是机械产品动、静、热特性分析的重要手段。本章简单介绍有限元分析的步骤以及有限元网格划分。

1.2
有限元分析步骤

对于不同的物理性质和数学模型问题，有限元求解法的基本步骤是相同的，只是具体公式推导和运算求解不同。有限元求解问题的基本步骤大体如下。

第 1 步：问题及求解域定义。根据实际问题近似确定求解域的物理性质和几何区域。

第 2 步：求解域离散化。将求解域近似为具有不同有限大小和形状且彼此相连的有限个单元组成的离散域，这一步习惯上称为有限元网络划分。求解域的离散化是有限元法的核心技术之一。显然单元越小（网络越细）则离散域的近似程度越好，计算结果也越精确，但计算量也会增大。

第 3 步：确定状态变量及控制方法。一个具体的物理问题通常可以用一组包含问题状态变量边界条件的微分方程式表示，为适合有限元求解，通常将微分方程化为等价的泛函形式。

第 4 步：单元推导。对单元构造一个适合的近似解，即推导有限单元的列式，其中包括选择合理的单元坐标系，建立单元试函数，以某种方法给出单元各状态变量的离散关系，从而形成单元矩阵（结构力学中称为刚度矩阵或柔度矩阵）。

为保证问题求解的收敛性，单元推导有许多原则要遵循。对工程应用而言，重要的是应注意每一种单元的解题性能与约束。例如，单元形状应以规则形状为好，畸形时不仅精度低，而且有缺秩的危险，将导致无法求解。

第 5 步：总装求解。将单元总装形成离散域的总矩阵方程（联合方程组），反映对近似求解域的离散域的要求，即单元函数的连续性要满足一定的连续条件。总装在相邻单元节点进行，状态变量及其导数（可能的话）连续性建立在节点处。

第6步：联立方程组求解和结果解释。有限元法最终导致联立方程组。联立方程组的求解可用直接法、迭代法和随机法。求解结果是单元节点处状态变量的近似值。对于计算结果的质量，将通过与设计准则提供的允许值比较来评价并确定是否需要重复计算。

在实践中，有限元分析法通常由三个主要步骤组成。

前处理：需建立物体待分析部分的模型，在此模型中，该部分的几何形状被分割成若干个离散的子区域——或称为"单元"。各单元在一些称为"节点"的离散点上相互连接。这些节点中有的有固定的位移，而其余的有给定的载荷。准备这样的模型可能极其耗费时间，所以各商用程序之间的相互竞争就在于：如何用最友好的图形化界面"前处理模块"，来完成繁琐的前处理工作。

计算分析：把前处理模块准备好的数据输入到有限元程序中，从而构成用线性或非线性代数方程表示的系统并对其求解。商用软件大多具有不同类型的单元库，用于适应求解不同的工程问题。有限元法的主要优点之一就是：许多不同类型的问题都可用相同的程序来处理，主要区别在于从单元库中指定适合于不同问题的单元类型。

后处理：在早期的有限元分析中，需要仔细研读程序运算后产生的大量数据，即所求解模型内各离散位置处的位移和应力。而目前大多商用软件则利用图形显示直接得出运算结果，可以显示分布于模型上的彩色等应力线图，以表示不同的应力水平。

简言之，有限元分析可分成三个阶段：前处理、计算分析和后处理。前处理是建立有限元模型，完成单元网格划分；后处理则是采集处理分析数据，提取信息并分析计算结果。

1.3

有限元网格划分

网格划分是建立有限元模型的一个重要环节，需要的工作量较大，所划分的网格形式对计算精度和计算规模将产生直接影响。单元类型的选择，与要解决的问题本身密切相关。绝大多数结构可使用梁单元（一维单元）、壳单元（二维单元）、实体单元（三维单元）等建模。

1.3.1 单元分类

有限元网格划分中常用的单元如图 1.1 所示，本部分将详细介绍每类单元的特征。

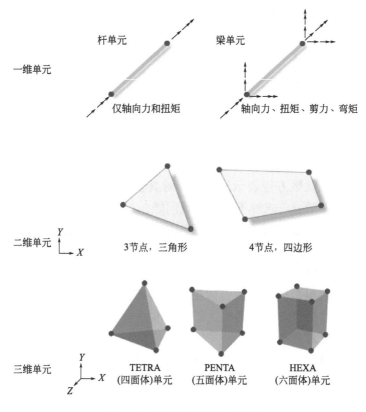

图 1.1　常用有限元单元分类

（1）一维单元

一维单元主要模拟一个方向长度大于其他两个方向长度的结构形式。一维单元可分为两类，即不传递弯矩仅能传递轴向力的杆单元和能够同时传递弯矩和轴向力的梁单元。杆单元与其他单元的连接可看作铰接，而梁单元与其他单元的连接可看作刚性结合。注意：梁单元对因扭转载荷引起的大的非弹性变形很敏感，此种情况下要用二维单元或三维单元模拟。

杆单元内部应力一样，即使分得再细也不会改变求解精度。如果将一根构件分成多个单元，反而变成不稳定结构。

杆单元与梁单元的特性对比如表 1.1 所示。

表 1.1　杆单元与梁单元对比

项目	杆单元	梁单元
结合部图像	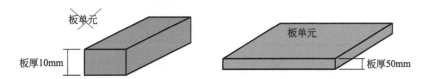	
特征	一般具有轴刚度和扭转刚度	一般具有弯曲刚度、轴刚度、剪切刚度、扭转刚度
单元内应力	因不发生弯曲应力，剖面内应力是相同的	由于弯曲应力的发生，单元内的位移不同，应力也不同
载荷	载荷只能加在节点处，在单元中间不能承受载荷	不仅在节点上，在没有节点的中间也可加集中载荷，在单元的全部（或者一部分）可加分布载荷
结合	杆单元是通过铰结合的。少数用螺栓结合，也有小肘板结合，在不向其他构件传递充分的转动的情况下使用	框架单元的结合部是刚性结合。采用焊接或螺栓、铆钉连接等。在传递力矩的场合下使用

（2）二维单元

板单元是对板材组合而成的结构进行模型化的单元。板单元的选择不是仅从它的厚度值来判断的，而是由它的边长和厚度的相对关系来决定的。

如图 1.2 所示，对于 1～10mm 的构件使用板单元时，也有不合适的情况；相反即使对于 50～100mm 的构件使用板单元时，也有合适的情况。

图 1.2　板单元的定义

一般而言，如果构件的边长是它厚度的 5 倍以上，考虑为板，并使用板单元来建模。

壳结构是一种圆筒、球、椭圆等的曲面板状结构，是一种不仅仅传递弯曲力，也传递面内力（膜力）的一种结构，壳单元如图 1.3 所示。对于不想传递弯曲的结

图 1.3　壳单元定义

构件，用膜单元进行模型化。膜单元尽管和板单元形状相同，但区别在于它不传递弯曲力。考虑圆筒型容器的情况下，外径为 R、板厚为 t，若 $R/t>5$，可将其视作薄板并可用壳单元建模。

四边形内角应在 45°～135° 范围内，其长宽比通常小于 10，应避免扭曲单元。为提高分析精度，一般情况下，尽可能划分为正方形或正三角形单元。

（3）三维单元

三维实体单元用于具有三维形状变化的物体，或要求考虑局部细节，而无法采用更简单的单元进行建模的结构。

板单元有三角形和四边形单元，而实体单元有四面体、五面体、六面体等形状的单元。板单元尽量使用四边形单元，实体单元尽量使用六面体单元，因为使用三角形或四面体单元与使用四角形或六面体单元时相比，可以使结构的刚性增加。

总之，一定要明确结构仿真分析的目的，计算结果的应用场合、目的不同，单元类型可能也不相同。

1.3.2　单元阶次

对于单元仅以所对应的顶点作为节点的为 1 阶单元，在边上另有一中间节点的为 2 阶单元，有 2 个中间节点的为 3 阶单元等。

1 阶单元它的边的形状是直线，单元的位移用 1 次插值函数来表示。2 阶单元它的边的形状是直线或 2 次曲线，单元的位移用 2 次插值函数来表示。因为形状的定义可以用 2 次曲线，对于带有圆孔结构的单元划分是很有效的，1 阶单元与 2 阶单元的对比如图 1.4 所示。

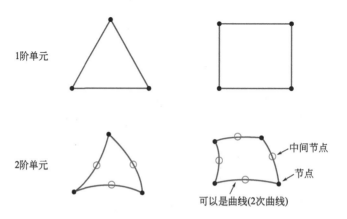

图 1.4　单元阶次

1.3.3　网格划分的原则

进行有限元网格划分时应遵循以下基本原则。

（1）网格数量

网格数量的多少将影响计算结果的精度和计算规模的大小。一般来讲，网格数量增加，计算精度会有所提高，但同时会增加计算规模，所以在确定网格数量时应权衡两个因素，综合考虑。

（2）网格疏密

网格疏密是指在结构不同部位采用大小不同的网格，这是为了适应计算数据的分布特点。在计算数据变化梯度较大的部位（如应力集中处），为了较好地反映数据变化规律，需要采用比较密集的网格。而在计算数据变化梯度较小的部位，为减小模型规模，则应划分相对稀疏的网格。这样，整个结构便表现出疏密不同的网格划分形式。

（3）单元阶次

许多单元都具有线性、二次和三次等形式，其中二次和三次形式的单元称为高阶单元。选用高阶单元可提高计算精度，因为高阶单元的曲线或曲面边界能够更好地逼近结构的曲线和曲面边界，且高次插值函数可更高精度地逼近复杂场函数，所以当结构形状不规则、应力分布或变形很复杂时可以选用高阶单元。但高阶单元的节点数较多，在网格数量相同的情况下由高阶单元组成的模型规模要大得多。因此在使用时应权衡，考虑计算精度和时间。

（4）网格质量

网格质量是指网格几何形状的合理性。网格质量的好坏将影响计算精度，质量太差的网格甚至会中止计算。网格各边或各个内角相差不大、网格面不过分扭曲、边节点位于边界等分点附近的网格质量较好。

第**2**章

初识 eta/DYNAFORM

eta/DYNAFORM 是由美国 ETA（Engineering Technology Associates，工程技术联合公司）和 LSTC（Livermore Software Technology Corporation，利弗莫尔软件技术公司）联合开发的用于板材成形过程模拟的专用软件包，可帮助模具设计人员显著减少模具开发设计时间及试模周期，不仅具有良好的易用性，还包括大量的智能化自动工具，可方便地求解各类板成形问题。eta/DYNAFORM（或简称为 DYNAFORM）可以预测成形过程中板料的裂纹、起皱、减薄、划痕、回弹，评估板料的成形性能，从而为板料成形工艺及模具设计提供帮助；DYNAFORM 专门用于解决工艺及模具设计涉及的复杂成形问题；DYNAFORM 包括板料成形分析所需的与 CAD 软件的接口，及前后处理、分析求解等功能。

目前，eta/DYNAFORM 已在世界各大汽车、航空、钢铁公司，以及众多的大学和科研单位得到了广泛的应用。DYNAFORM 软件基于有限元方法建立，被用于模拟板料成形工艺。DYNAFORM 软件包括 BSE（Blank Size Engineering，毛坯尺寸工程）、DFE（Die Face Engineering，模面工程）、FS（Formability Simulation，成形仿真）三大主要模块，几乎涵盖冲压模模面设计的所有要素，包括：最佳冲压方向的设定、坯料的设计、工艺补充面的设计、拉延筋的设计、凸凹模圆角的设计、冲压速度的设置、压边力的设计及摩擦系数、切边线的求解和压力机吨位的设计等。

DYNAFORM 软件设置过程与实际生产过程一致，操作上手容易，可以对冲压生产的全过程进行模拟：坯料在重力作用下的变形、压边圈闭合过程、拉延过程、切边回弹、回弹补偿、翻边、胀形、液压成形、弯管成形。

DYNAFORM 软件可适用于单动压力机、双动压力机、无压边压力机、螺旋压力机、锻锤、组合模具和特种锻压设备等。

2.1
系统结构概述

2.1.1 概述

eta/DYNAFORM 是一套具有完善的图形用户界面（GUI）的成形仿真软件包，本软件可以在 Windows 95 及以上版本和 Unix/Linux 工作站（W/S）如 IBM、HP、DEC-Alpha、SGI 和 Solaris 等各种主流操作系统上运行。在 eta/DYNAFORM 前处理器上完成典型冲压仿真模型的生成与输入文件的准备工作。计算结果由 eta/DYNAFORM 后处理器 eta/Post-processon（也可简称为 eta/Post）处理。接下来介绍 DYNAFORM 软件的功能模块。

2.1.2 显示窗口（Display Window）

DYNAFORM 将显示屏幕划分为六个不同的区域，用来接收输入或者显示提示信息，如图 2.1 所示。

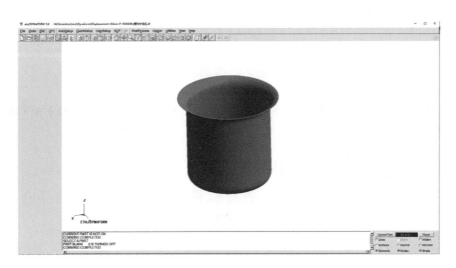

图 2.1 eta/DYNAFORM 主界面

（1）显示区域（Display Area）

显示模型和图表。

（2）菜单栏（Menu Bar）

显示命令和命令选项。

（3）图标栏（Icon Bar）

可以方便使用常用的 eta/DYNAFORM 功能。

（4）对话框（Dialog Window）

一旦选择了菜单栏里的命令，相应的对话框就会显示出来，对话框里有各种相应功能。

（5）显示控制选项（Display Options）

在 eta/DYNAFORM 运行时，这组命令会显示出来，并且在任何时候都可以使用。

（6）提示区域（Prompt Area）

eta/DYNAFORM 显示注解和信息。

2.1.3　菜单栏（Menu Bar）

File　Parts　BSE　D-Eval　AutoSetup　QuickSetup　UserSetup　SCP　OP　PostProcess　Option　Utilities　View　Help

图 2.2　菜单栏

图 2.2 为 DYNAFORM 软件的菜单栏，菜单栏可以实现 eta/DYNAFORM 的大部分功能。

2.1.4　图标栏（Icon Bar）

图 2.3 为 DYNAFORM 软件的图标栏，设计图标栏是为了在 eta/DYNAFORM 中可以方便地使用常用功能。

图 2.3　图标栏

2.1.5 显示控制选项（Display Options）

显示控制选项（Display Options）窗口位于 eta/DYNAFORM 主界面的右下角，如图 2.4 所示。显示控制选择包含了当前零件层显示以及一些其他常用的模型显示功能设置，包括线、曲面、单元、节点以及单元法向矢量显示、模型光照显示等。

（1）当前零件层设置（Current Part）

此功能用于设置当前零件层。在 eta/DYNAFORM 中，当前零件层的设置非常重要，几乎所有功能所产生的结果默认情况下都放置在当前零件层中，因此在进行每一个操作之前，都应该核实当前零件层是否设置准确。如果当前零件层不是所需要的，可以点击"Current Part"按钮来进行设置。点击"Current Part"按钮之后，系统将弹出如图 2.5 所示的当前零件层选择对话框。可以任意选择一个零件层，然后点击"OK"按钮。此时，所选择的零件层将自动设为当前零件层，该零件层的名称显示在"Current Part"按钮后面。

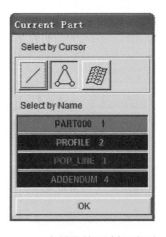

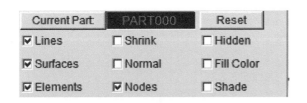

图 2.4　显示控制选项　　　　　　图 2.5　当前零件层选择对话框

（2）重新设置（Reset）

将当前零件层以外的所有显示控制选项的参数都设置为默认值。默认情况下，显示控制参数中，线（Lines）、曲面（Surfaces）、单元（Elements）和节点（Nodes）参数都处于被选中状态，其他选项都处于非选中状态。

（3）线显示（Lines）

控制模型中曲线的显示状态。如果此选项为选中状态，表示曲线在模型中处于显示状态。如果不选中此选项，模型中所有的曲线都处于隐藏状态。

（4）曲面显示（Surfaces）

控制模型中曲面的显示状态。如果此选项为选中状态，表示曲面在模型中处于显示状态。如果不选中此选项，模型中所有的曲面都处于隐藏状态。

（5）单元显示（Elements）

控制模型中单元网格的显示状态。如果此选项为选中状态，表示单元网格在模型中处于显示状态。如果不选中此选项，模型中所有的单元网格都处于隐藏状态。

（6）单元收缩显示（Shrink）

单元收缩显示功能允许以收缩 20% 的尺寸来显示单元。在壳或实体结构中，收缩单元法对于检查模型中的退化单元和缺失单元是一种行之有效的方法。如图 2.6 所示，显示了模型中存在两处退化单元和一处缺失单元。

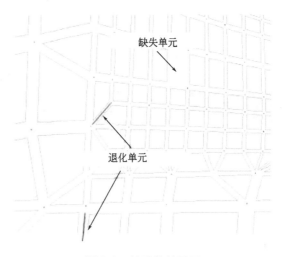

缺失单元

退化单元

图 2.6　单元收缩显示

（7）单元法线方向显示（Normal）

用一个箭头来显示单元法线方向，此箭头位于单元的中心并且垂直于单元曲面。对于一实体单元，箭头点对着单元曲面的底部。如图 2.7 所示。

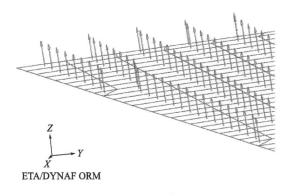

ETA/DYNAF ORM

图 2.7　单元法向矢量显示

但是，如果将"View"菜单下的"Plate Normal（Color）"选项选中，当选择显示法线时，模型的法线将不再用箭头表示，而是用不同的颜色表示法线方向：法线方向一致的单元将用单元所在的零件层颜色显示，法线方向不一致的单元将高亮显示，如图 2.8 所示。

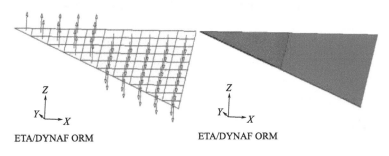

ETA/DYNAF ORM　　　　　ETA/DYNAF ORM

图 2.8　单元法向矢量

（8）节点显示（Nodes）

控制模型中节点的显示状态。如果此选项为选中状态，表示节点在模型中处于显示状态。如果不选中此选项，模型中所有的节点都处于隐藏状态。

（9）隐藏显示（Hidden）

此功能提高了三维模拟在 eta/DYNAFORM 中显示的真实性。默认情况下，eta/DYNAFORM 中的模型显示不考虑模型在视图中的深度，这样显示出来的模型真实感效果较差一些，特别是对于一些复杂的模型，观察起来很不方便。因此，可以选择此选项来打开模型的隐藏效果显示，使背景中的物体不会通过前景中的物体显示出来。

（10）填充色选项（Fill Color）

填色功能满足了指定色显示单元。当单独使用时，此功能不能显示模具的深度透视图，零件层可显示弯曲或互相穿透效果。但是，当结合隐藏显示选项使用时，填充色选项会显示零件层的精确三维透视图。

（11）模型光照（Shade）

网格单元会以灯光照射形式显示。没有直接暴露在灯光下的单元恰当地被阴影化，以模拟实际的阴影效果。

2.1.6　鼠标功能（Mouse Functions）

eta/DYNAFORM 许多功能通过鼠标左键可以实现。为了实现某一功能，通过鼠标指针选择该按钮，然后按下鼠标左键即可选择此功能。有时利用鼠标中键去完成并结束一些功能，例如：创建线、选择节点和单元等；利用鼠标右键可取消一些功能。三个键还可以分别与 Ctrl 键组合来实现旋转、平移和缩放。

2.2
模型的建立

曲面模型的建立可以通过以下两种方式进行：一种是在 CAD 软件（如 UG、CATIA 及 PRO/E 等）中建立模型，然后存为后缀为 iges、stl 或 dxf 等的文件，导入 DYNAFORM 系统；另一种是直接在 CAE 软件的前处理器中建立模型。实际应用时，因大多 CAE 软件本身造型功能不够强大，故常采用第一种方式建立模型。

在 DYNAFORM 中，直接将后缀为 iges、stl 或 dxf 等 CAD 文件格式的数据导入 DYNAFORM 系统中，可以选择"File"（文件）|"Import"（导入）菜单项，弹出如图 2.9 所示的对话框。

eta/DYNAFORM 支持读取下列文件格式（表 2.1）。

图 2.9　导入文件对话框

表 2.1　支持的文件格式

序号	支持格式及后缀	序号	支持格式及后缀
1	IGES（*.igs,*.iges）	10	NX（*.prt）
2	VDA（*.vda, *.vdas）	11	PROE（*.prt,*.asm）
3	LINE DATA（*.lin）	12	INVENTOR（*.ipt）
4	DXF（*.dxf）	13	Parasolid（*.x_t）
5	STL（*.stl）	14	SolidWorks（*.sldprt; *.sldasm）
6	ACIS（*.sat）	15	LSDYNA（*.dyn, *.mod,*.k）
7	CATIA4（*.model）	16	NASTRAN（*.dat;*.nas）
8	CATIA5（*.CATPart; *.CATProduct）	17	ABAQUS（*.inp）
9	STEP（*.stp; *.step）	18	DYNAIN（*dynain*）

2.3
DYNAFORM 分析过程的流程

在应用 DYNAFORM 软件分析板料成形过程时主要包括三个基本部分，

即建立分析模型、求解和分析计算结果，流程图如图 2.10 所示，具体流程如下。

① 直接在 DYNAFORM 的前处理器中建立模型或在 CAD 软件（如 UG、CATIA、PRO/E 等）中根据拟定或初定的成形方案，建立板料、对应的凸模和凹模的型面模型以及压边圈等模具零件的面模型，然后存为 iges、stl 或 dxf 等文件格式，将上述模型数据导入 DYNAFORM 系统。

② 利用 DYNAFORM 软件提供的网格划分工具对板料、凸模、凹模、压边圈进行网格划分。检查并修正网格缺陷（包括单元法向矢量、网格边界、负角、重叠节点和单元等）。

③ 定义板料、凸模、凹模和压边圈的属性，以及相应的工艺参数（包括接触类型、摩擦系数、运动速度和压边力曲线等）。

④ 调整板料、凸模、凹模和压边圈之间的相互位置，观察凸模和凹模之间的相对运动，以确保模具动作的正确性。

⑤ 设置好分析计算参数，然后启动 LS-DYNA 求解。

⑥ 将求解结果读入 DYNAFORM 后处理器中，以云图、等值线和动画等形式显示数值模拟结果。

⑦ 分析模拟结果，通过反映的变化规律找到问题的所在。重新定义工具的形状、运动曲线，以及进一步设置毛坯尺寸，变化压边力的大小，调整工具移动速度和位移等，重新运算直至得到满意的结果。

利用软件后处理器，可以分析各变量（应力、应变、材料厚度分布、能量等）的历史曲线、云图及动画，截取截面显示（如厚度变化等）、回弹等。FLD 可以显示每个单元的成形状况。为了便于工程应用，软件还可将一些计算结果转化为其他工程信息，如根据变形状态反算出板料的最佳毛坯形状、尺寸或工件的回弹分布等。

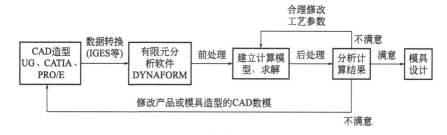

图 2.10　DYNAFORM 软件分析板料成形过程流程图

第 **3** 章

S 梁拉深成形过程 DYNAFORM 分析

如图 3.1 所示的 S 梁是 NUMISHEET′96（板材成形数值模拟国际会议）的一个标准考题，采用板厚为 1.0mm 的 DQSK 低碳钢材料。本章以该 S 梁的成形过程为例，主要介绍快速设置、分析参数设置及后处理分析等，旨在通过讲解有限元建模的步骤，使读者初步掌握板料成形有限元模拟和分析的完整过程。

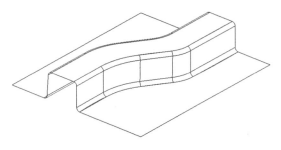

图 3.1　S 梁几何模型

3.1
数据库操作

在零件设置的开始，需要把其他格式的零件导入 DYNAFORM 中，建立初始的数据库，下面将具体介绍数据库操作的方法和步骤。

3.1.1　导入文件

① 在菜单栏中，选择"File"（文件）|"Import"（导入），弹出如图 3.2 所示的对话框，改变文件类型为"LINE DATA（*.lin）"。再输入文件所在的目录，找到两个线型格式文件：DIE.lin 和 BLANK.lin。然后点击导入按钮依次导入这两个文件，最后选择"确定"退出文件导入对话框，屏幕显示如图 3.3 所示的几何模型。

图 3.2　导入文件对话框

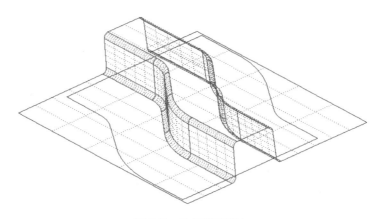

图 3.3　几何模型导入

② 在指定的工作目录中保存数据库。选择"File"（文件）|"Save"（保存），输入文件名"S-Beam"后保存。

3.1.2 分析设置

分析设置（Analysis Setup）包括单位设定（Unit）、拉延类型（Draw Type）、冲压行程方向（Stroke Direction）等，默认的单位系统是 mm（毫米），N（牛），s（秒）和 t（吨），默认的成形类型是双动成形（Toggle Draw）。可以通过菜单"User Setup"|"Analysis Configuration"改变设置，接触间隙默认为 1mm（自动定位后工具与坯料之间在冲压方向上的最小距离）。

注意：拉延类型（Draw Type）应该和实际用于生产的压力机的类型一致，这个参数定义了默认的冲压方向和压边圈的工作方向。如果无法确定成形类型或者新工艺分析，应选择"User Defined"（用户定义）作为成形类型。

3.1.3 辅助菜单操作

（1）视图操作

工具栏中视图操作区域是 DYNAFORM 中最常用的工具之一，这些功能可以改变显示区域的方位。屏幕下部的 Display Option（显示选项窗口中文版）如图 3.4 所示，是操作显示选项的区域。选中显示的类型，则相应的对象就会显示，否则就不显示。

图 3.4　显示选项窗口（中文）

（2）开关零件层

DYNAFORM 中所有的几何体都是基于零件层的，每一个实体都是以一个零件层的形式建立或者读取的。选择位于工具栏上的"打开/关闭零件层"按钮进行零件层的打开/关闭操作。

（3）编辑零件层

编辑零件层（Edit Part）的命令用于编辑零件层的属性和删除零件层。
① 选择菜单"Parts"|"Edit"，显示出编辑零件层的对话框。所有的已

经定义的零件层都显示在列表中，零件层用名字和标识号标示出来。在建模时，为了操作方便，我们可以改变零件层的名字和标识号，同时，也可以从数据库中删除零件层。

② 从零件层列表中选择"DIE"。点击颜色按钮，从弹出的颜色模板中选择颜色来改变零件层的颜色。

③ 从零件层列表中选择"DIE"。在"Name"输入框中输入"LOWTOOL"。

④ 输入新的名字（LOWTOOL）和选择颜色后，点击对话框左下角的"Modify"按钮确认这些编辑。

⑤ 同理，将"BLANK.LI"层名称修改为"BLANK"。

⑥ 点击"Close"按钮退出编辑操作。

⑦ 点击工具栏的"保存"按钮，或者选择"File"|"Save"保存数据库。

（4）当前零件层设置

所有的曲线、曲面、单元在创建的时候自动地放在当前零件层中。当创建新的曲线、曲面和单元的时候，要确定将存放这些实体的零件层设置为当前零件层。在屏幕右下角的显示控制选项（Display Options）中，点击"Current Part"按钮来改变当前的零件层。或者选择菜单"Parts"|"Current"来改变当前的零件层。

注意：当自动进行曲面网格划分的时候，会提供一个选项，使得创建的单元不是放在当前的零件层中，而是放在曲面所属的零件层中。换句话说，可以保持创建的单元在原有几何所在的零件层中，而不是将所有创建的单元放在当前零件层中。

3.2
网格划分

划分网格是建立有限元模型的一个重要环节，需要的工作量较大，所划分的网格质量对计算精度和计算规模将产生直接影响。一般来讲，网格数量增加，计算精度会有所提高，但同时计算规模也会增加，所以在确定网格数量时应权衡这两个因素进行综合考虑。此外，应在不同部位采用大小不同的网格进行划分，以适应计算数据的分布特点。

在使用 DYNAFORM 软件进行板料成形过程分析时，要想获得好的分析结果，高质量的网格是必不可少的。作为集前后处理和求解器于一身的 DYNAFORM 软件，它具有十分强大的网格划分功能。对于工具网格，DYANFORM 里面的 TOOL MESH 可以产生高精度的网格来最大限度地适应工具的几何形状，保证与实现冲压分析尽可能地接近。对于毛坯网格，DYNAFORM 软件除了 PART MESH 功能外，还可以使用 "Blank Generator" 模块对毛坯进行网格划分。

本部分只介绍 "Blank Generator"（毛坯生成器）和 "Surface Mesh"（曲面网格）两种方法来生成网格。

3.2.1 毛坯网格划分

DYNAFORM 软件中毛坯网格划分模块专门针对坯料进行网格划分，具体操作步骤如下。

① 选择菜单 "UserSetup" | "Blank Generator"，打开选择选项对话框，如图 3.5 和图 3.6 所示。

图 3.5　坯料生成菜单

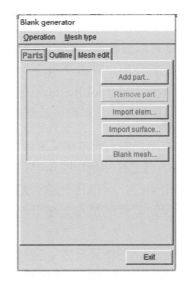

图 3.6　选择选项对话框

② 零件层 BLANK 上有四条曲线，所以在选择选项中选择 "Outline" 标签页的 "Select line" 选项，如图 3.7 所示。

③ 打开选择线对话框，如图 3.8 所示。

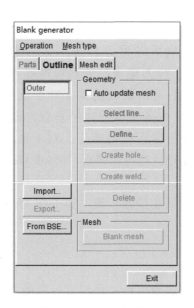

鼠扫码可看

· 微课视频
· 拓展资源
· 配套课件

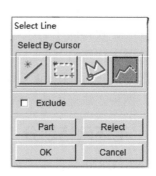

图 3.7　Outline 标签页　　　　　图 3.8　选择线对话框

将选择线的方式切换到第四种，然后使用鼠标在屏幕上选择零件层 BLANK 上的任意一条曲线，这时所有与选择的曲线相连的曲线都会被选中。当然也可以通过选择线对话框提供的不同方式来选择曲线。将鼠标放在每个图标上就可以查看每个按钮的功能。

④ 选择完后，点击"OK"，打开网格尺寸对话框，如图 3.9 所示。

⑤ 本例中将 Tool Radius（工具半径）改为"6.0"，它表示模型中最小的半径。半径越小，坯料网格就越密；半径越大，产生的坯料网格越粗糙。

注意：在毛坯单元尺寸定义对话框中，可以通过两种方式来定义。

a. 通过给定工具的最小圆角半径定义（Tool Radius）：如果已经清楚工具最小圆角半径，可以在此输入最小圆角半径的值。一般情况下，凹模入口圆角半径对零件的成形起着非常关键的作用，因此可以输入凹模入口圆角半径。

b. 直接给定毛坯单元尺寸（Element Size）：直接输入毛坯单元的尺寸，软件将按照此尺寸来生成毛坯单元。

⑥ 点击"OK"接受半径值，在弹出的对话框中提示"Accept Mesh?"，即是否接受划分的网格。点击 Yes 按钮接受生成的网格。如果不满意当前的网格，点击"No"取消网格划分，再重复以上操作进行毛坯网格划分。

3.2.2 曲面网格划分

DYNAFORM 中大多数的网格都是使用 Surface Mesh（曲面网格）划分的。这个功能将所提供的曲面数据自动生成网格，是一个快速便捷的网格划分工具，具体操作步骤如下。

① 关闭 BLANK 零件层，打开 LOWTOOL 零件层，并且设置 LOWTOOL 零件层为当前零件层。

② 选择菜单 User Setup|Preprocess|Elem，如图 3.10 所示。

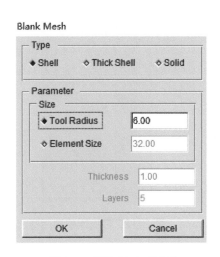

图 3.9　网格尺寸对话框　　　　　图 3.10　前处理菜单

③ 从图 3.11 所示的"Elem"菜单选择曲面网格图标（Surface Mesh）。

④ 在打开的"Surface Mesh"对话框（如图 3.12 所示）中，所有的选项都使用默认值。关闭"In Original Part"选项。在 DYNAFORM 中，只需要在选定工具曲面之后，输入简单的控制参数，程序就会自动在曲面上产生出工具网格，其设置界面如图 3.12 所示，其中参数的含义介绍如下：

a. Connected/UnConnected。此参数用于设定当选择多个曲面后，相邻曲面上的网格是连接的或不连接的。

b. In Original Part。此参数用于指定产生的网格是在当前零件层还是在原始零件层。

c. Boundary Check。此参数用于指定是否在网格剖分完之后进行网格边界检查。

d. Refine Sharp Angle。此参数用于选择是否对质量较差的尖角单元进行调整。

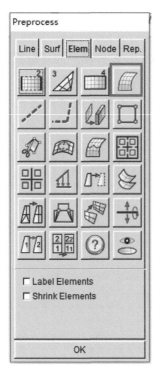

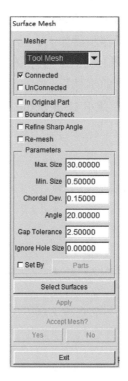

图 3.11　单元工具菜单　　　　图 3.12　曲面网格对话框

e. 单元参数（Parameters）。

Max.Size：此参数用来设定最大单元尺寸。

Min.Size：此参数用来设定最小单元尺寸。

Chordal Dev.：此参数用来控制沿曲线或曲面的曲率方向上单元的数目。

Angle：此参数用来控制特征线的方向。

Gap Tolerance：此参数用来控制相邻的两个曲面是否相互连接。

Ignore Hole Size：此参数用来设定曲面上孔洞的直径，当孔的直径小于给定的值时，程序将自动忽略孔的存在。

⑤ 从"Surface Mesh"对话框中选择"Select Surfaces"按钮。

⑥ 在"Select Surface"对话框如图 3.13 中，选择"Displayed Surf."按钮。

注意：显示的曲面都变成白色，说明它们都已经被选择。对话框提供了不同方法来选择曲面，将鼠标放在每个按钮上可查看其具体含义。

⑦ 从"Surface Mesh"对话框中选择"Apply"（应用）按钮。

⑧ 生成的网格将显示为白色。当提示"Accept Mesh?"时，选择"Yes"按钮。

⑨ 选择"Surface Mesh"对话框上的"Exit"按钮退出。结果如图 3.14 所示。

图 3.13　选择曲面对话框

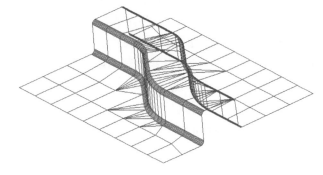

图 3.14　划分后的工具网格

注意：对于工具网格，由于工具为刚体，在计算中一般不参与求解，只是在接触计算中需要判断是否和毛坯接触，并且无须定义材料特性。因此，工具网格的最大要求就是要保证工具的形状，而对于网格形状没有太多的限制。

3.2.3　网格检查

DYNAFORM 的网格自动划分功能虽然很强大，但无法保证其完全符合 LS-DYNA 求解器的要求，为此，在 DYNAFORM 中提供了检查网格质量和修改网格的功能。主要有两种网格检查方式：自动一致法线功能和边界显示功能，如图 3.15 所示。

3.2.3.1　自动一致法线功能

自动一致法线功能可以将在所选定零件层上的所有单元方向改为指定方向，操作过程如下所述。

① 选择"User Setup"|"Preprocess"|"Rep."|"Auto Plate Normal"按钮，显示一个新的对话框。

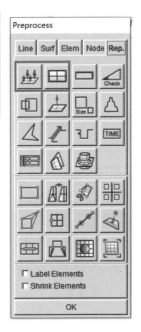

图 3.15　网格检查修补
对话框

② 这个对话框显示了两个选项：检查所有打开的零件层（All Active Parts）和仅检查鼠标选择的单个零件层（Cursor Pick Part）。默认的是检查所有打开的零件层，这时可以任意选取一个单元来调整所有激活零件层的法向一致性。否则，选择第二个选项，然后再任意选取需要检查的零件层上的一个单元来调整该零件的法向一致性。本例中，请任意选取 LOWTOOL 上的一个单元作为参考单元，如图 3.16 所示。

③ 屏幕上显示出一个箭头来表示所选单元的法线方向，弹出窗口出现提示 "Is normal direction acceptable?"，问是否接受显示的法线方向，如图 3.17 所示。点击"是"，将检查零件层中所有单元，转换所有单元的法向矢量，使之与显示的方向一致。点击"否"，将检查零件层中所有单元，转换所有单元的法向矢量，使之与显示的方向的反方向一致。换句话说，如果希望零件层的法向矢量和显示的方向一致，点击"是"按钮，反之，点击"否"按钮。本例中，选择"是"按钮。

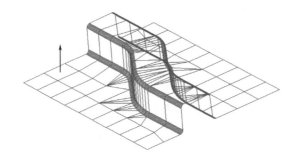

图 3.16　单元法向矢量参考单元　　　图 3.17　单元法向矢量询问对话框

注意：实际上，只要大多数单元的法向矢量是一致的，程序就能够接受，并且顺利地进行计算。如果所有的单元中，一半的单元法向矢量指向上，一半的单元法向矢量指向下，程序将不能够正确地通过接触来约束板料。为了防止这一情况的发生，通常需要进行法向矢量一致性的检查。

④ 现在 LOWTOOL 的单元法向矢量已经一致了，检查数据库中其他的零件。关掉所有的零件，然后单独打开每一个零件，检查法线方向。

⑤ 确定所有零件的法线方向都一致后，保存数据库。

3.2.3.2　边界显示功能

边界显示功能用于检查网格上的间隙、孔洞和退化的单元，然后以高亮的边界显示这些缺陷，这样可以手工修复这些缺陷。

① 选择"User Setup"|"Preprocess"|"Rep."|"Display Model Boundary"按钮，本例中没有发现缺陷。实际上，在工具（凸模、凹模等）网格中包含小的间隙是不会影响计算的，但是坯料网格不应该包含任何的间隙和孔洞，除非是设计的工艺切口和设计的孔洞。选择等轴侧（Isometric）视图，然后如图 3.18 所示进行对比。

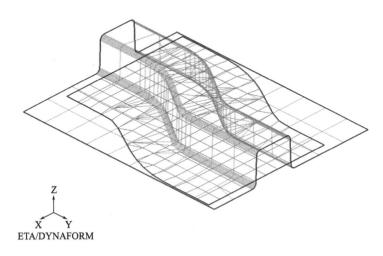

图 3.18　显示模型边界

② 从屏幕的右下角的 Display Options 中关闭所有的单元和节点（注意：边界依然显示），可检查到网格显示时所看不到的小间隙，结果如图 3.19 所示。除了边缘以外，如果还出现了其他线条，此时则需要对网格进行修补。

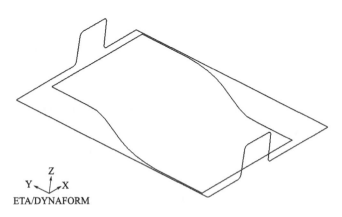

图 3.19　隐藏节点和单元后的模型边界

③ 利用其他检查功能，检查是否存在尺寸过小的单元或重叠单元，如果有，则删除掉该类单元。

④ 关闭除了 LOWTOOL 零件层外的其他所有的零件层，点击工具栏上的"Clear"按钮清除显示的边界。

⑤ 保存数据库。保存自己初始创建的数据库。

3.3
压边圈定义

打开先前保存的"S_Beam.df"文件。在进入快速设置界面之前，需要将压边圈从 LOWTOOL 中分离出来。具体步骤如下。

① 打开"LOWTOOL"，关闭其他的零件层。

② 创建一个新的零件层"LOWRING"，用于放置从 LOWTOOL 分离出来的单元，选择菜单"Parts"|"Create"，如图 3.20 所示。

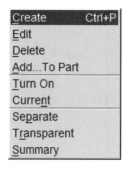

图 3.20　零件层操作菜单　　　　图 3.21　创建零件层对话框

③ 在"Name"输入框中输入"LOWRING"。点击"OK"键，零件层便创建成功，如图 3.21 所示。

④ 零件层 LOWRING 创建后，自动地作为当前的零件层。现在可以将分离出来的单元放置在这个零件层中。

⑤ 选择菜单"Parts"|"Add… To Part"。

⑥ 弹出的对话框如图 3.22 所示，点击"Element (s)"按钮，弹出"Select Elements"（选择单元）对话框。最容易选择压边圈上单元的方法是先将视

图切换为 *YX* 面视图，然后选择"Spread"命令作为选择单元的方法，按住"Angle"滑动条上的滑块向右拖动，设置一个较小的角度。由于压边圈是平面的，设置能够设置的最小角度即可，比如 1°，如图 3.23 所示。

"Spread"命令：向四周发散的方法，与"Angle"滑动条配合使用，如果被选中的单元的法向矢量和与其相邻单元的法向矢量之间的夹角不大于给定的角度，相邻的单元就被选中（对于角度为 0 的情况，该功能不起任何作用）。

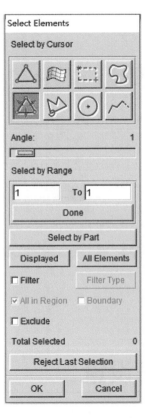

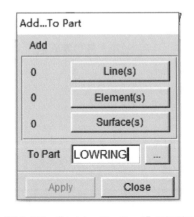

图 3.22 "Add… To Part"对话框　　　图 3.23　选择单元对话框

⑦ 选择单元。单击 LOWTOOL 右环部分的任何一个单元，再单击 LOWTOOL 左环部分的任何一个单元，平面区域中所有被选中的单元将高亮显示（白色）。选择"Select Elements"对话框的"OK"按钮。可以看到如图 3.24 所示的"Element（s）"按钮的左边显示出 67 个单元被选中。单击"Unspecified"（未指明）按钮，出现"Select Part"（选择零件）窗口，选择零件 LOWRING，单击"Apply"（应用）按钮，所有选择好的单元就被移动

到 LOWRING 中，如图 3.25 所示。

⑧ 分离零件。虽然已经把零件层 LOWTOOL 法兰部分的网格转移到了零件层 LOWRING 中，但是它们还沿着共同的边界共享了节点，因此需要将它们分离开来，使它们能够拥有各自独立的运动。选择"Parts"|"Separate"菜单项，分别单击 LOWTOOL 和 LOWRING 零件层，然后单击"OK"按钮结束分离。

图 3.24　显示已选择的单元数

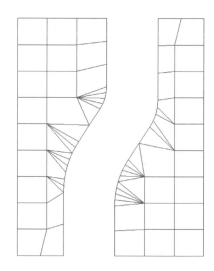

图 3.25　压边圈网格

3.4
快速设置

DYNAFORM 有快速设置 (Quick Setup)、自动设置 (Auto Setup) 和传统设置 (User Setup) 三种不同风格的有限元建模方法，从原始建模开始进行板料成形模拟设置的过程。如表 3.1 所示，传统设置方法具有很大的灵活性，能够用来设置所有的成形模拟过程，但是比较繁琐，很容易出错。快速设置方法很方便，可把许多需要手工设置的过程自动化，仅需要少量操作步骤便可设置好模型，大大节约分析设置的时间，但相对于传统设置和自动设置，快速设置灵活性较差，有些特殊的成形方法在快速设置中无法完成。此外，只支持接触偏置（Contact Offset）的方法，不能对物理偏置（Physical Offset）进行处理也是快速设置的一大缺陷。自动设置模块（Auto Setup），一方面继承了快速设置的快速优点，保证尽量少的操作，另一方面继承了传统设置的灵活性和可扩展性，同时在自动设置模块中，新增加液压成形模块、拼焊板成形模块等，可满足不同领域的使用需求。

表 3.1　三种不同风格的有限元建模方法

名称	传统设置	快速设置	自动设置
特点1	具有最大限度的灵活性，可以添加任意多个辅助工具，同时也可以定义简单的多工序成形。但是设置非常繁琐，用户需要仔细定义每一个细节，很容易出错	简单、快捷是快速设置的优点，但是功能设计的局限性使得设置的灵活性很差，不能一次性进行简单的多工序设置	界面友好，内置的基本设置模板方便用户进行设置。对初级用户，只需要定义工具部分，其他的都可以自动完成。对于高级用户，可以自定义压力、运动曲线，液压成形、拼焊板成形等
特点2	需要更多的设置时间，不易于初学者学习，易出错	减少了建模设置的时间，减少用户出错机会	继承了快速设置的优点，同时也考虑了功能的扩展性
特点3	手工定义运动、载荷曲线，可任意修改，但是不做正确性检查	自动定义运动、载荷曲线等	既可以采用自动定义曲线，也可以采用手动定义曲线，依据用户的喜好和习惯
特点4	支持接触偏置和几何偏置方法	只支持接触偏置方法	既支持物理偏置，也支持接触偏置，根据实际情况来定

3.4.1　打开快速设置窗口

选择菜单"QuickSetup"（快速设置）|"Draw Die"（拉延模），打开快速设置窗口，如图 3.26 所示。未定义的工具以红色高亮显示。需要先选择"Draw type"（拉延类型）和可用的工具。对于本例，拉延类型设置为"Single action（inverted draw）"，下模可用"Lower Tool Available"。在此，首先介绍与压力机类型选择直接相关的模具的正装与倒（反）装结构。

模具的正装与倒(反)装：设计的冲压模具结构是否合理，对于能否生产出合格的工件、成功开发新产品至关重要。一套冲压模具，结构简单的不过由几十个零部件组成。但是，在进行模具设计之初，首先要确定是选择正装模具结构（即凹模安装在下模座上）还是倒（反）装模具结构（即凸模安装在下模座上）。一般而言，对于加工精度要求不高、生产批量不大的工件，更适合选用正装模具结构。

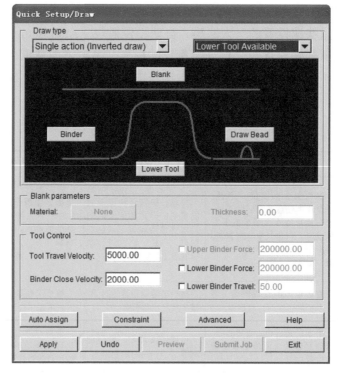

图 3.26　快速设置界面

（1）正装模具

正装模具的结构特点是凹模安装在下模座上。故无论是工件的落料、冲孔，还是其他一些工序，工件或废料均能非常方便地落入冲床工作台上的废料孔中，因此在设计正装模具时，不必考虑工件或废料的流向。正装模具结构非常简单和实用。

① 正装模具结构的优点。

a. 因模具结构简单，可缩短模具制造周期，有利于新产品的研制与开发。

b. 使用及维修都较方便。

c. 安装与调整凸、凹模间隙较方便（相对倒装模具而言）。

d. 模具制造成本低，有利于提高企业的经济效益。

e. 由于在整个拉伸过程中均存在压边力，所以适用于非旋转体件的拉抻。

② 正装模具结构的缺点。

a. 由于工件或废料在凹模孔内的积聚，会导致凹模孔所受压力增加，因此凹模必须增加壁厚，以提高其强度。

b. 由于工件或废料在凹模孔内的积聚，所以在一般情况下，凹模刃口需要加工落料斜度。在有些情况下，还要加工凹模刃口的反面孔（出料孔），因而延长了模具的制作周期，增加了模具加工费用。

③ 正装模具结构的选用原则。综上所述可知，在设计冲模时，应遵循的设计原则是：优先选用正装模具结构，只有在正装模具结构无法满足工件技术要求时，才考虑采用其他形式的模具结构。

（2）倒装模具

倒装模具的结构特点是凸模安装在下模座上，因此必须采用弹压卸料装置将工件或废料从凸模上卸下。由于凹模安装在上模座，因而需要考虑如何将凹孔内的工件或废件从孔中排出的问题。如图 3.27 所示，该倒装模是利用冲床上的打料装置，通过打料杆 9 将工件或废料打下，在打料杆 9 将工件或废料打下的一瞬间，利用压缩空气将工件或废料吹走，以免落到工件或坯料上，使模具损坏。另外需注意的是，当冲床滑块处于死点时，卸料圈 5 的上顶面，应比凸模高出 0.20 ～ 0.30mm。即必须将坯料压紧后，再进行冲裁，以免坯料或工件在冲裁时移动，达不到精度要求。

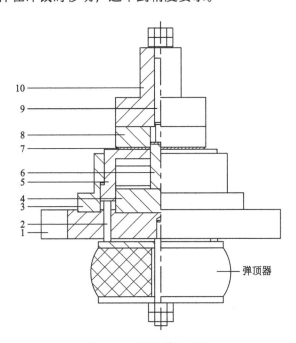

图 3.27　倒装模具结构

1—下模座；2—顶杆；3—卸料圈固定座；4—凸模座；5—卸料圈；6—凸模；
7—工件；8—凹模；9—打料杆；10—上模座

① 倒装模具结构的优点。

a. 采用弹压卸料装置冲制出的工件平整，表面质量好。

b. 由于采用打料杆将工件或废料从凹模孔中打下，因而工件或废料不在凹模孔内积聚，可减少工件或废料对孔的压力，从而减少凹模的壁厚，使凹模的外形尺寸缩小，节约模具材料。

c. 由于工件或废料不在凹模孔内积聚，因此可减少工件或废料对模刃口的磨损，减少凹模的刃磨次数，从而提高了凹模的使用寿命。

d. 由于工件或废料不在凹模孔内积聚，因此没必要加工凹模的反面孔（出料孔），可缩短模具制作周期，降低模具加工费用。

e. 由于压边力只在平板坯料没有完全被拉入凹模前起作用，所以适用于旋转体的拉伸。

② 倒装模具结构的缺点。

a. 模具结构较为复杂。

b. 安装与调整凸凹模之间的间隙难度较大。

c. 工件或废料的排出较为困难。

③ 倒装模具结构的选用原则。综上可知，当进行工件表面要求平整、外形轮廓复杂、外形轮廓不对称、坯料较薄的冲裁或者旋转体件拉深时，才选用倒装模具结构。

3.4.2 定义毛坯

① 在"QuickSetup"界面中点击"Blank"按钮，然后从显示的对话框中选择"PART"（见图3.28）。

② 点击"Add part"按钮，然后如图3.29所示，选择BLANK零件层的名字。

③ 定义材料和厚度。对材料厚度，可以直接在如图3.30所示"Thickness"（厚度）文本框中输入，本例采用缺省的厚度值（1.0mm）。

④ 材料可以从"Material"定义对话框中的"Material Library"中进行选择。在材料类型36的一列中选择低碳钢（Mild Steel）"DQSK"，返回快速设置对话框后，定义好的毛坯以高亮绿色显示，如图3.30所示。

3.4.3 定义压边圈

在图3.30所示对话框中点击"Binder"按钮，打开"Define Tools"对话框，重复以上步骤，选择零件"LOWRING"。

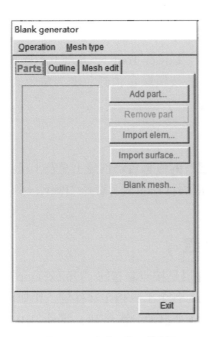

图 3.28　定义毛坯对话框

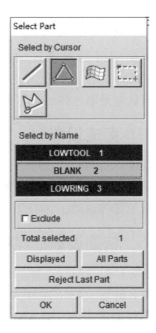

图 3.29　添加毛坯对话框

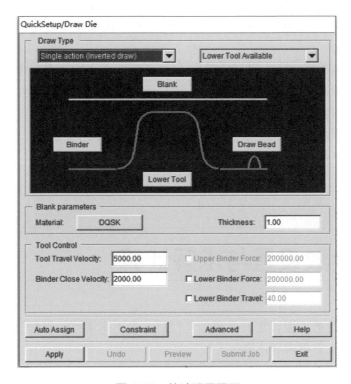

图 3.30　快速设置界面

3.4.4 定义下模

重复相同的步骤定义图 3-30 所示"Lower Tool"（下模），选择零件"LOWTOOL"，工具定义完毕后，相应的按钮颜色由红色变为绿色。注意：模具被认为是刚性体，不需要定义材料。

3.4.5 完成设置

选择"Apply"（应用），系统根据已有的信息自动创建上模及上压边圈并将自动定位生成配合工具，并且生成相应的行程曲线。选择"Preview"（预览）来检查工具的运动。

3.4.6 快速设置的其他功能介绍

自动分配（Auto Assign）：如果零件层是按照缺省的"QuickSetup"命名规则命名的话，Auto Assign 能够自动地为各个工具指定零件层。比如：如果毛坯零件的命名为"BLANK"，一旦选择了自动分配按钮，零件"BLANK"将会被定义为模型 BLANK，"DIE"和"PUNCH"是另外两个缺省的能够被自动分配的名字，但是，拉延筋不能被自动地分配。

约束（Constraint）：定义单点约束（SPC）用于定义对称和其他的边界条件。

高级（Advanced）：可以设置与"QuickSetup"相关的缺省参数。

重置（Reset）：删除所有的配合工具和运动路线，将数据库重置为"Apply"前的状态。

提交工作（Submit job）：将当前操作转到分析菜单。

退出（Exit）：退出当前设置窗口。

3.5
分析参数设置与求解计算

完成上述的快速设置并且预览可行后，接下来就可以进行分析参数的设置，然后提交进行求解计算。

3.5.1　分析参数设置

① 要进行参数设置，首先要调出分析参数设置的对话框，有两种方法。

方法一：在快速设置完成后，不要单击"Exit"按钮，而是直接单击"Submit Job"（提交工作），弹出"Analysis"（分析）对话框。

方法二：在快速设置完成后，直接单击"Exit"按钮退出快速设置对话框，然后选择菜单"Analysis"（分析）｜"LS-DYNA"子菜单，也可以弹出"Analysis"（分析）对话框。

② 在分析类型中，有两种方式："LS-Dyna Input File"和"Job Submitter"，如图 3.31 所示。

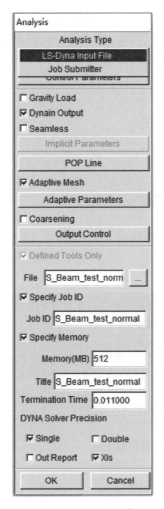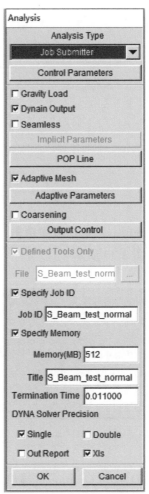

图 3.31　分析对话框

注意：如果选择"LS-Dyna Input File"选项，表示将要进行手工提交工作，点击"OK"后生成 LS-DYNA 求解器，计算所需的输入文件 S-Beam.dyn 和 S-Beam.mod 文件，然后选择"Job Submitter"，选择求解器类型并设计其路径，进行任务提交，如图 3.32 所示。"Job Submitter"主界面包含五个部分，分别为：求解器类型、LS-DYNA 控制参数、工具栏、任务列表和提交命令。

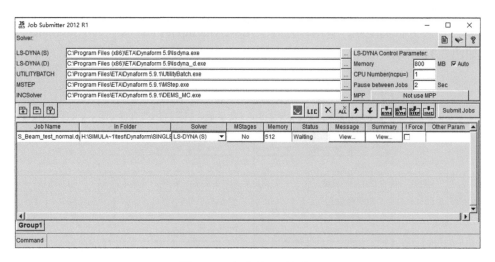

图 3.32　任务提交对话框

③ 在"Analysis"对话框中单击"Control Parameters"（控制参数）选项，弹出对话框如图 3.33 所示。

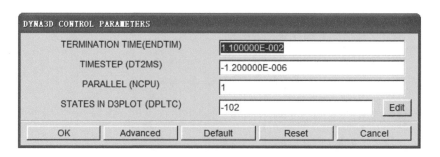

图 3.33　控制参数对话框

④ 检查"Dynain Output"（输出 dynain 文件）是否选中，在默认情况下一般都处于选中状态。

⑤ 重新回到"Analysis"对话框。缺省情况下，自适应网格参数（Adaptive parameters）是打开的。选择"Adaptive Parameters"按钮，自适应网格即通过在需要的时候重新划分毛坯网格的方法来增加结果的准确度。在 ADAPTIVE CONTROL PARAMET 对话框，编辑 LEVEL（MAXLVL）为 3。这个参数表示如果需要，网格将被分割两次。更高次数的自适应重分，能够获得更高的精度，但是将花费更多的计算时间。由于本例使用零件模型较为简单，3 级就足够了。其余的参数维持缺省值，点击"OK"按钮。

⑥ 勾选"Specify Memory"（指定计算的内存）。

3.5.2 提交工作进行计算

在参数设置完成后，单击"OK"按钮，则求解器 LS-DYNA 自动在后台运行，直到计算完成后才能进行后处理工作，计算时界面如图 3.34 所示。

在求解器提供了基本的估计的完成时间后，可以点击 Ctrl+C 刷新估算时间。Ctrl+C 将暂停求解器的计算，提示".enter sense switch：等待输入"。输入切换命令，然后回车。切换命令如下。

sw1：写出一个重启动文件 (d3dump)，然后终止计算。

sw2：刷新估计完成计算的时间，并且继续进行计算。

sw3：写出一个重启动文件 (d3dump)，并且继续计算。

sw4：写出一个结果文件（d3plot），并且继续进行计算。

输入"sw2"，然后回车，可以观察到预估完成的时间已经发生变化。在求解器运行的时候，可以使用这些切换命令。

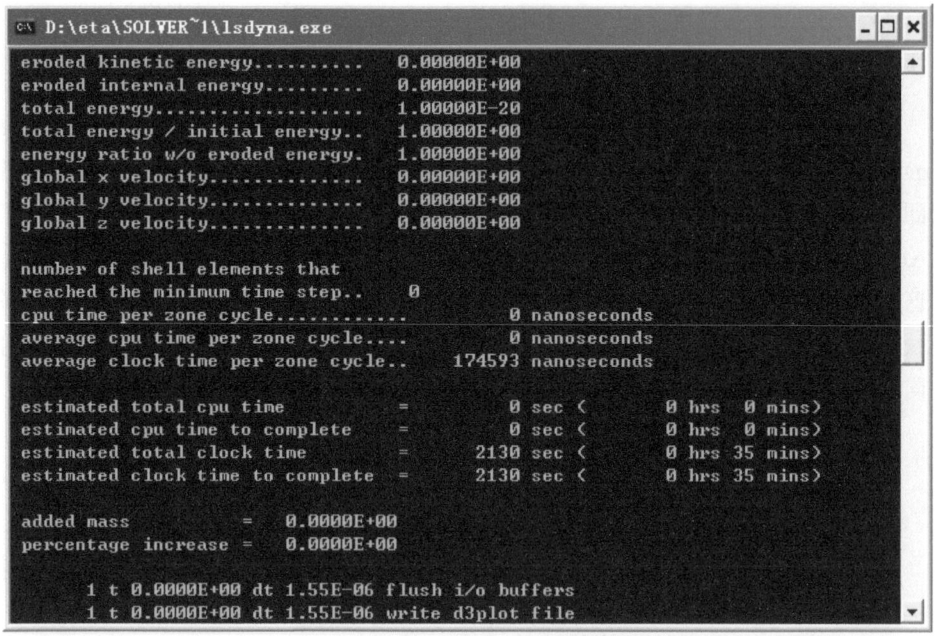

图 3.34　LS-DYNA 求解器窗口

3.6
后处理分析

计算完成后，便可以进行成形过程的有限元后处理分析。DYNAFORM 的后处理模块中，提供了板料的变形图、成形极限图、应力应变图及厚薄图等，可以直观动态地观看板料成形、变形过程及其相关的应力应变状况、厚薄状况、成形中的起皱及破裂等，然后通过分析得出分析报告，根据此报告对工艺过程进行优化设计，提出合理工艺方案、材料和模具设计参数等。

3.6.1　打开后处理界面

进入后处理界面的方法有三种：方法一是在前处理中，点击 eta/DYNAFORM 主菜单上的"PostProcess"菜单启动 eta/Post；方法二是在 DYNAFORM 的安装目录下，双击执行文件"EtaPostProcessor.exe"也可以启动；方法三是从操作系统的开始菜单的 DYNAFORM 程序组启动（见图 3.35）。

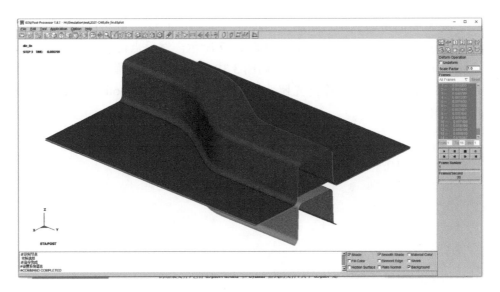

图 3.35　后处理界面

3.6.2　读入 d3plot 文件

因为除了未变形的模型数据外，d3plot 文件包含所有的由 LS-DYNA 生成的结果数据（应力、应变、时间历史数据、变形等），对于 PC 用户而言，后处理模块可以处理 d3plot 文件中所有有效的数据。d3plotaa，d3plotab 等文件是保存的每一步的分析数据。

在 eta/Post 中，选择菜单 File|Open。从文件列表中选择 LS-DYNA 的结果文件，包含 d3plot、d3drlf 和 dynain 格式的文件。其中 d3plot 是成形模拟的结果文件，包括拉延、压边、翻边等工序和回弹过程的模拟结果，d3drlf 模拟重力作用的结果文件，dynain 文件是板料变形的结果文件，用于多工序模拟中。

3.6.3　变形动画演示

在 d3plot 文件完全读入后，便可以开始进行结果处理，首先进行板料变形过程的动画演示。

① 为了方便观察坯料，关闭所有的工具，只打开坯料零件层。在工具栏中选择"Part on/off"（零件层打开 / 关闭）按钮，弹出"Part Operation"对话框，如图 3.36 所示，关闭其他所有的零件层，只保留坯料零件层，所有关闭的零件层的颜色变为白色。点击"Exit"退出操作。

② 缺省的绘制状态是绘制变形过程（Deformation）。在"Frames"（帧）下拉菜单中，选择"All Frames"如图 3.37 所示，然后点击三角形的动画演示按钮进行变形过程的动画演示，如图 3.38 所示。打开屏幕右下角的光照显示选项（Shade）显示模型的光照效果，同时可以打开 Smooth Shade 来显示平滑的光照效果。

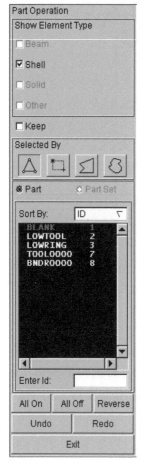

图 3.36 打开/关闭零件层

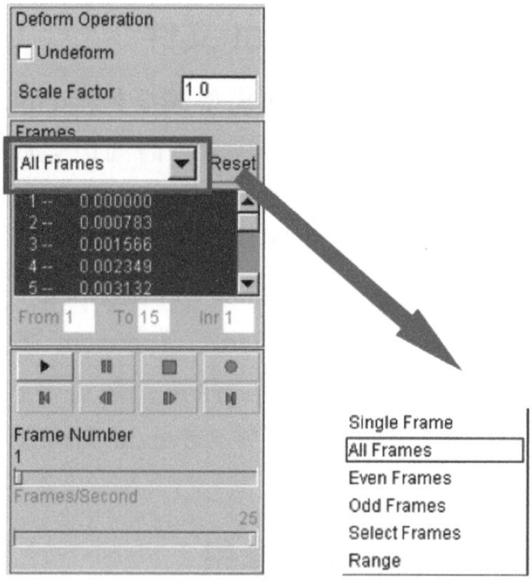

图 3.37 动画显示变形过程

③ 输出 avi 动画文件。单击动画演示按钮后，开始动画演示，接着单击圆形红色动画输出按钮，弹出选择文件对话框，选择文件类型为 avi，然后输入文件名，单击"Save"按钮保存，弹出压缩格式选择对话框，如图 3.39 所示，单击"确定"按钮，avi 动画文件便生成了。

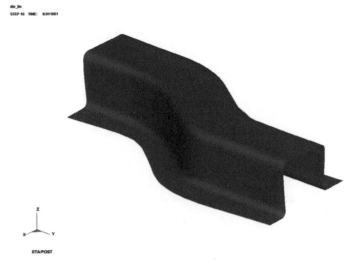

图 3.38　S 梁变形图

3.6.4　显示成形极限图（FLD）

成形极限图（Forming Limit Diagrams，FLD）是对板材成形性能的一种定量描述，同时也是对冲压工艺成败性的一种判断曲线，它比用总体成形极限参数，如胀形系数、翻边系数等来判断是否能成形更为方便、准确，如图 3.40 所示。

图 3.39　选择压缩格式对话框

成形极限图是板材在不同应变路径下的局部失稳极限应变（相对应变）或真实应变构成的条带形区域或曲线，全面反映了板材在单向和双向拉应力作用下的局部成形极限。在板材成形过程中，板平面内的两主应变的任意组合，只要落在成形极限图中的成形极限曲线上，板材变形时就会产生破裂；反之则是安全。

成形极限图的应用主要包括三个方面：

① 解决冲模调试中的破裂问题；

② 判断所设计工艺过程的安全裕度，以选用合适的冲压材料；

③ 可用于冲压成形过程的监视。

在工具栏中选择"Forming Limit Diagram"按钮，帧类型选择"Single Frame"（单帧），单击第 17 帧也就是最后一帧，出现此帧的成形极限图，如图 3.41 所示。根据成形极限图，可以看出板料总体的变化状况，对于本例节点几乎全部集中在安全区和起皱趋势区，只有少量在起皱区，没有节点处于破裂区和破裂危险区。

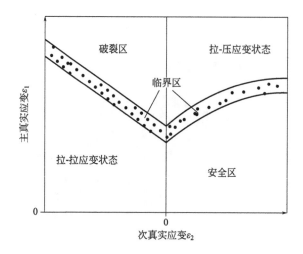

图 3.40　典型的成形极限图

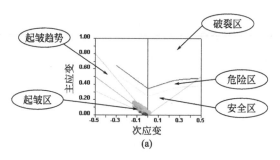

（a）

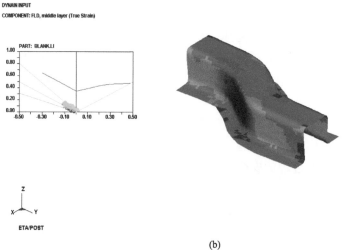

（b）

图 3.41　S 梁成形极限图

同时，根据板料上不同的颜色分布，可以直观看出各个区域所处的状态，如红色代表破裂区，黄色代表危险区，绿色代表安全区等。在本例中没有出现红色区域，表示没有破裂区。

3.6.5 显示厚薄图

为了更为深入地了解板料的变形情况，可以利用 DYNAFORM 后处理中的厚薄图功能。在厚薄图中可以通过不同颜色代表的数值定量地看出板料不同区域变厚变薄的情况。要显示材料的厚薄图，单击"Thickness"（厚度）按钮，保留"Current Component"为默认的厚度，然后选择帧类型"Single Frame"（单帧），单击最后一帧，如图 3.42 所示。根据右边的颜色条，可以知道板料不同区域的厚度情况。例如在蓝色区域厚度最大，最大厚度约为 1.057 mm，比板料原来 1mm 的厚度增加了 0.057mm，属于合理范围；红色区域厚度最小，板料最小厚度约为 0.938mm，比初始厚度变薄了 0.062mm，属于合理范围。

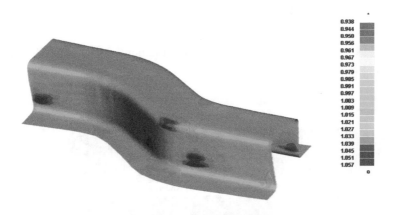

图 3.42 S 梁厚度分布图

另外，把"Current Component"改为"Thinning"（变薄率），即为板料变薄率图，如图 3.43 所示。同样选择单帧的第 16 帧，则显示为变薄率，所代表的数值是以百分数表示的。同样选择图 3.43 中的两个区域进行比较，可以看出最小变薄率为 −5.655%（负值表示不是变薄了而是变厚了），大约变厚了 0.057 mm，与厚度图中得到的结果相符；板料最大变薄率约为 6.227%，变薄了约为 0.062 mm，与厚度图中的结果相符。

图 3.43　S 梁变薄率图

3.6.6　输出某节点或单元的历史曲线

为了观察某节点或单元处物理场量值在整个变形过程中的变化情况，需输出该节点上场量随时间的变化曲线，具体步骤如下。

① 选择要输出的物理场量。

② 采用 Play 命令演示一遍成形过程。

③ 选择"Identify Node"或"Identify Element"命令指定要输出物理场量的节点或单元，如图 3.44 所示。

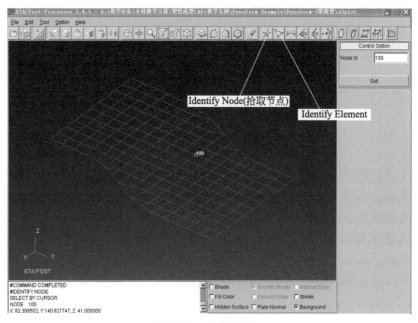

图 3.44　节点的拾取

④ 利用"Tool"|"Nodal"或"Element Value Curve"将所选择节点或单元的等值线历史曲线输出，如图 3.45 所示（该功能仅在等值线动画模拟中使用，输出 Element 单元曲线时仅在 ELEMENT RESULT 选项后起作用）。

⑤ 修改曲线的属性，利用"Clipboard"或"Print"功能输出曲线。

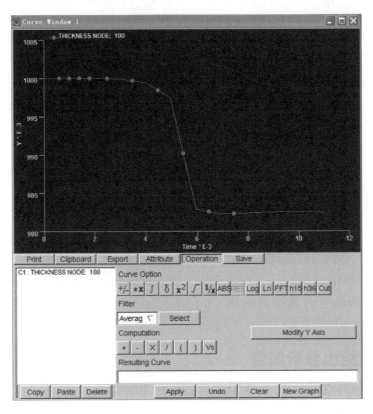

图 3.45 某节点厚度值的变化曲线

3.6.7 绘制力的时间历史曲线（行程载荷曲线）

在 DYNAFORM 后处理中，可以通过调用 rcforc 文件，来绘制界面合成力的时间历史曲线，包含主、从面每一个节点接触力（Global Cartesian Coordinate System）的 ascii 文件，主要包括以下数据：X、Y、Z 方向的力和质量。

点击后处理界面工具条中的 图标，通过"Load"命令，调入 rcforc 文件，选择接触对的编号，再点击 Plot 图标便可绘制力的曲线，如图 3.46 所示。

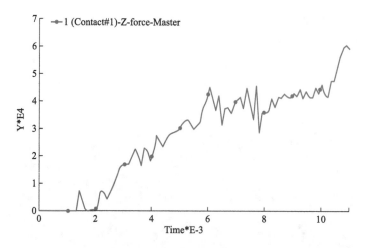

图 3.46　contact 1 中工具上沿 Z 方向的接触力变化曲线

接触对分别是指凸模、凹模、压边圈与坯料之间的接触，Slave 和 Master 这两种类型之间只是方向相反、大小相同，"component" 中包含的是力的类型。

另外，DYNAFORM 的后处理模块除了以上介绍的功能以外，还提供了主应变图（Major Strain）、次应变图（Minor Strain）、等值线图（Contour）、矢量图（Vector）、圆形网格图（Circular Grid）以及毛坯工具距离（Blank Tool Distance）等功能。

3.6.8　给出分析报告

对于板料成形而言，一般认为变薄率在 30% 以内都是可行的，通过后处理分析可以知道，本例的最大变薄率只有 8.131%，在 30% 之内；最大处增厚为 4.408%，其他参数也基本达到要求，所以可以认为本例方案是可行的。但是本例方案的未充分延展区域较大，如果对此有具体要求，则应适当加大压边力，且进一步调整润滑条件后，再次进行模拟。至此，根据以上的分析，综合各性能参数，可以写出分析报告，并给出模拟分析的最终结论或建议。

扫码可看
- 微课视频
- 拓展资源
- 配套课件

圆筒形制件拉深成形过程 DYNAFORM 分析

在薄板拉深成形工艺过程中，起皱和拉裂是成形的主要缺陷，压边力是影响和控制板材成形的重要的工艺参数。压边力过小，无法有效控制材料的流动，容易起皱；压边力过大，虽可以防止起皱，但拉裂倾向性更明显。一般来说，随着拉深行程的进行，所施加的压边力刚刚能够抑制起皱的产生为最佳。传统的设计方法，通常是根据经验公式求得压边力，并以此为参考值进行试模，调整压边力的大小，得到合适的压边力数值，这延长了模具的制造周期，增加了生产成本。

本章以厚度为 1.0mm、材料为低碳钢 DQSK 的圆筒形制件为例，利用 DYNAFORM 软件进行圆筒形制件拉深成形过程的有限元分析。圆筒形制件形状如图 4.1 所示。

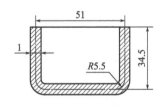

图 4.1　圆筒形制件图

4.1
圆筒形制件的工艺分析

此制件为无凸缘圆筒形件，对外形尺寸没有厚度不变的要求。尺寸为自由公差，取 IT14 级。底部圆角半径 $r=4mm>t$。材料 DQSK 的拉深性能较好，而且制件的形状、自由公差、圆角半径及材料皆能满足拉深工艺的要求。

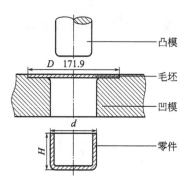

图 4.2　圆筒形制件的拉深过程

如图 4.2 所示，在圆筒形制件的拉深过程中，凸模压力作用在平板毛坯上，其底部的材料变形很小；而毛坯（D-d）的环形区的金属在凸模压力的作用下，要受到拉应力和压应力的作用，径向伸长、切向缩短，依次流入凸、凹模的间隙里成为筒壁。最后，毛坯完全变成圆筒形制件。

拉深成形时主要考虑以下问题：拉深的变形区较大，金属流动性大，拉深过程中位于凸缘部分的材料因切向压缩极易起皱；处于凸模圆角区的材料因受到径向强烈拉深而严重变薄，甚至断裂，而导致拉深失败。因此有必要分析拉深时的变形特点，找出发生起皱、拉裂的根本原因，从而指导工艺的制订和模具的设计，以提高拉深件的质量。

4.1.1　计算毛坯尺寸

圆筒形制件毛坯的形状一般与制件的横截面形状相似，毛坯尺寸的确定方法很多，有等重量法、等体积法及等面积法等。在不变薄拉深中，其毛坯尺寸一般按"毛坯的面积等于制件的面积"的等面积法来确定。具体方法是：将制件分解为若干个简单几何体，分别求出各几何体的表面积，对其求和。根据等面积法，求和后的面积应该等于制件的表面积。考虑到毛坯为圆形，即可得到毛坯的直径，如图 4.3 所示。

将图 4.3（a）所示的制件分为三个简单几何体，如图 4.3（b）的第Ⅰ、Ⅱ、Ⅲ部分所示。

Ⅰ部分的表面积为 $A_1 = \pi d(H-r)$

Ⅱ部分的表面积为 $A_2 = r\left[\pi(d-2r)+4r\right]\pi/2$

Ⅲ部分的表面积为 $A_3 = (d-2r)^2 \pi/4$

根据等面积原则

$$A_{毛坯} = A_1 + A_2 + A_3$$

毛坯面积

$$A_{毛坯} = \pi D^2/4 \quad (D\text{为毛坯直径})$$

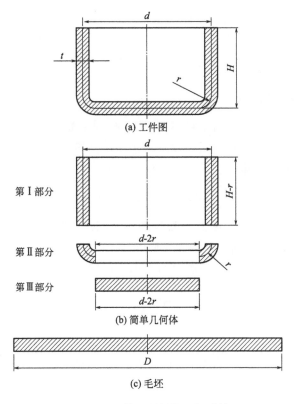

(a) 工件图

第Ⅰ部分

第Ⅱ部分

第Ⅲ部分

(b) 简单几何体

(c) 毛坯

图 4.3　圆筒形制件的毛坯计算

代入 H=35-0.5=34.5 mm，d=50+1=51mm，r=5+0.5=5.5 mm。根据相对高度 H/d=34.5/51=0.68，查到的修边余量 δ 为 2mm。

将上述各式求解得出毛坯直径为

$$D = \sqrt{d^2 + 4d(H+\delta) - 1.72rd - 0.56r^2}$$
$$= \sqrt{51^2 + 4 \times 51 \times (34.5+2) - 1.72 \times 5.5 \times 51 - 0.56 \times 5.5^2} \approx 96$$

4.1.2　判断拉深次数

制件的拉深系数 m=d/D=51/96=0.53。毛坯的相对厚度 t/D=1/96=0.0104。根据以下公式

$$\frac{t}{D} \geqslant 0.045(1-m)$$

判断拉深时是否需要压边，因

$0.045(1-m) = 0.045 \times (1-0.53) = 0.02115 > 0.0104$，故需要加压边圈。

由毛坯相对厚度可以查得首次拉深的极限拉深系数 m_1=0.5 ～ 0.53，因 $m > m_1$，故该制件只需一次拉深便可完成成形过程。

4.1.3 计算压边力

拉深成形过程与毛坯的相对厚度 t/D、拉深系数 m、凹模工作部分的几何形状等因素有关，通常采用压边圈来防止工件凸缘部分起皱。

使用压边圈的条件：

$$100t/D < 1.5, \ m < 0.6$$

所建立的模型显然满足上面的条件。因此，在零件拉深过程中需采用压边圈，最小单位压边力 q，可取为 3 MPa。

圆筒形件拉深理论最小压边力的大小可以按下式计算

$$F_Q = \frac{\pi}{4}\Big[D^2 - \big(d_1 + 2r_d\big)^2 \Big] q$$

式中，F_Q 为压边力；D 为毛坯直径；d_1 为拉深件直径；r_d 为凹模圆角半径；q 为单位压边力。计算得到压边力大约为 13700N。

4.2

三维模型创建

利用 CATIA、PRO/E、SolidWorks 或 UG 等 CAD 软件建立上模 PUNCH（实际为上模 PUNCH 和压边圈 BINDER 的集合体）和毛坯 BLANK 的实体模型，如图 4.4 和图 4.5 所示。将所建立实体模型的文件以 igs 格式进行保存。

图 4.4　上模实体模型图

图 4.5　毛坯实体模型图

4.3

数据库操作

（1）创建 DYNAFORM 数据库

启动 DYNAFORM 软件后，程序自动创建缺省的空数据库文件"Untitled.df"。选择"File"|"Save as"菜单项，修改文件名，将所建立的数据库保存在自己设定的目录下。

（2）导入模型

选择"File"|"Import"菜单项，将上面所建立的 igs 模型文件导入数据库中。然后对零件层进行编辑，将毛坯层命名为"BLANK"，将上模层命名为"PUNCH"，单击"OK"按钮确定。

（3）参数设定

选择"UserSetup"|"Analysis Configuration"菜单项，弹出如图 4.6 所示的对话框。选择"Draw Type"（成形类型）为"Double action"（双动成形），PUNCH 在 BLANK 的上面。默认的毛坯和所有工具"Contact Interface"（接触界面）类型为"From One Way S. to S."（单面接触），用于描述位移和速度边界条件。默认的"Stroke Direction"（冲压方向）为 Z 向。默认的"Contact Gap"（接触间隙）为 1.0mm，接触间隙是指自动定位后工具和毛坯之间在冲压方向上的最小距离，在定义毛坯厚度后此项设置的值将被自动覆盖。

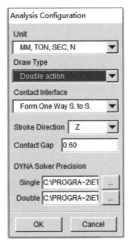

图 4.6　分析参数设置
对话框

4.4

网格划分

为了能够快速有效地进行模拟，对所导入的曲面或曲线数据进行合理的网格划分是十分重要的。由于 DYNAFORM 在进行网格划分时提供了一个选项，既可以将所创建的单元网格放在单元所属的零件层中，也可以将单元网格放在当前零件层中，而当前零件层可以不是单元所属的零件层，所以在划分单元网格之前一定要确保当前零件层的属性，以确保所划分的单元网格在所需的零件层中。在屏幕右下角的显示选项（Display Options）区域中，单击"Current Part"按钮来改变当前的零件层。如图 4.7 所示，当前零件层为"BLANK"（毛坯）零件层。

4.4.1 毛坯网格划分

在确保当前零件层为毛坯零件层的前提下，选择"UserSetup"|"Blank Generator"菜单项，弹出如图 4.8 所示的对话框。单击图中"Blank mesh"按钮（Surface，曲面），弹出如图 4.9 所示的对话框。设定网格大小的参考值（1.0），其值越小，所得到的网格越密，单击"OK"按钮所得到的毛坯网格单元如图 4.10 所示。

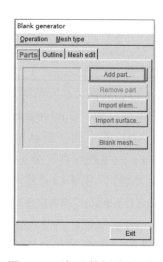

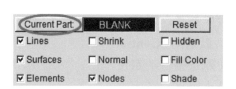

图 4.7　当前零件层设定

图 4.8　毛坯网格划分对话框

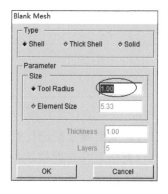

图 4.9　毛坯网格划分参数设定

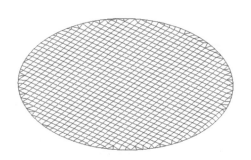

图 4.10　毛坯网格单元

4.4.2 工具网格划分

设定当前零件层为"PUNCH"层,选择"UserSetup"|"Preprocess"|"Element"菜单项,弹出如图4.11所示的工具栏。单击图4.11中椭圆所示的按钮,弹出如图4.12所示的"Surface Mesh"对话框。一般划分模具网格采用的是连续的"Tool Mesh"(工具网格)选项。对毛坯进行网格单元划分也可采用这里的 Part Mesh"网格划分"选项来实现。在"Surface Mesh"对话框中设定的"Max. Size"(最大单元值)为2,其他各项的值采用默认值。单击"Select Surfaces"按钮,选择需要划分的曲面,如图4.13和图4.14所示,最后所得到的单元网格如图4.15所示。

图 4.11　Element 工具栏

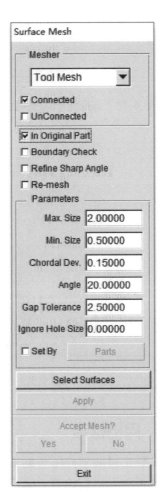

图 4.12　"Surface Mesh"对话框

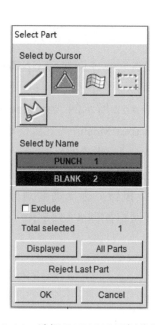

图 4.13 选择划分网格曲面　　　图 4.14 选择 PUNCH 层划分网格

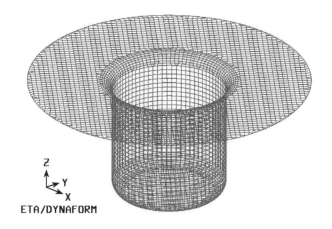

图 4.15 PUNCH 层划分单元网格

4.4.3 网格检查

为了防止自动划分所得到的网格存在影响分析结果的潜在缺陷，需要对得到的网格单元进行检查。请参考第 3 章中 S 梁的成形过程分析实例进行网格检查。

4.5

传统设置

4.5.1 从 PUNCH 单元网格等距离偏移出 DIE 零件层单元网格

选择 Parts|Create 菜单项，创建一个新零件层，命名为 "DIE" 作为下模零件层，此时系统自动将新建的零件层设置为当前零件层。选择 "UserSetup" | "Preprocess" | "Element" 菜单项，弹出如图 4.16 所示的工具栏。单击 Offset （偏置）按钮，弹出如图 4.17 所示的对话框。关闭 "In Original Part" 复选框，使得等距生成的单元放在当前零件层中，并且要确保 DIE 零件层是当前零件层。关闭 "Delete Original Element" 复选框，保留原始的零件层（PUNCH 零件层）中的单元。等距偏移厚度（Thickness）项参数的设定值是材料厚度加上其厚度的 10% 的间隙得到的，由于坯料的厚度是 1mm，所以输入 -1.1，所得到的结果如图 4.18 所示。在此采用 10% 的厚度作为间隙值，是因为在计算完成后进行后处理的时候，如果 PUNCH 和 DIE 之间的间隙不够，起皱数据将会丢失。如果采用坯料的厚度作为 PUNCH 和 DIE 之间的距离，模拟的时候，PUNCH 将会在坯料上烙下压痕，而起皱现象不会发生（注意：单元法向矢量与 Thickness 的符号之间有直接关系，并且与网格检查过程中自动法线方向有关系）。

4.5.2 创建 BINDER 层

选择 "Parts" | "Create" 菜单项，创建一个新零件层，命名为 "BINDER"，作为压边圈零件层，同样系统自动将新建的零件层设置为当前零件层。选择 "Parts" | "Add…toPart" 菜单项，单击 "Elements (s)" 按钮，单击 "Spread" 按钮，选择通过向四周发散的方法选择单元，与 "Angle" 滑动条配合使用，如果被选中的单元的法矢和与其相邻单元的法矢之间的夹角不大于给定的角度 1°，相邻的单元就被选中。通过此方式，在 PUNCH 零件层网格中选择法兰部分添加到 BINDER 零件层，请参照 S 梁成形过程模拟中有关此功能的介绍。选择 "BINDER" 为目标零件层，最终网格划分的结果如图 4.19 所示。

图 4.16 Element 工具栏

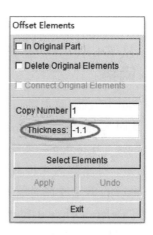

图 4.17 单元复制设置

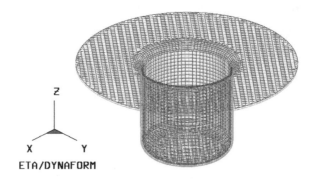

图 4.18 单元复制结果

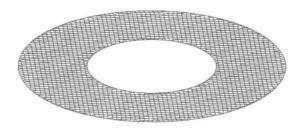

图 4.19 单元复制所得到的 BINDER 网格

4.5.3 分离 PUNCH 和 BINDER 层

经过上述的操作后，PUNCH 和 BINDER 零件层拥有了不同的单元组，但是它们沿着的边界还共享了节点，因此需要将它们分离开来，使得它们能够拥有各自独立的运动。选择 Parts|Separate 菜单项，分别单击 PUNCH 和 BINDER 零件层，然后单击"OK"按钮结束分离（分离步骤必须执行）。

4.5.4 定义工具

选择"UserSetup"|"Define Tools"（定义工具）菜单项，弹出如图 4.20 所示对话框。选择"Die"，单击"Add"按钮，弹出如图 4.21 所示对话框，选择需要定义的 DIE 零件层后，单击"OK"按钮确定。分别选择图中的 PUNCH 和 BINDER，依次定义 PUNCH 和 BINDER 工具。

图 4.20　Define Tools 对话框

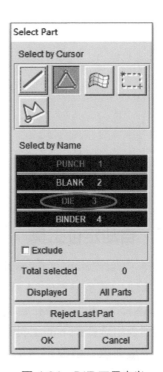

图 4.21　DIE 工具定义

4.5.5　定义毛坯，设置工艺参数

选择"UserSetup"|"Define Blank"菜单项，弹出如图4.22所示的对话框。单击"Add"按钮添加BLANK零件层到"Include Parts list"中。需要设定的材料的参数有"Material"（材料）和"Property"（属性）两项。单击"Material"选项的"None"按钮，从"Material Library"中选择所需的材料类型，在材料类型36的一列中选择低碳钢（Mild Steel）"DQSK"，添加到"Material"列表框中作为模拟过程中成形材料的属性。单击"Property"选项的"None"按钮，单击"New"按钮出现Property参数设定的对话框，设定毛坯厚度值（UNIFORM THICKNESS）为1.0mm，其他参数采用系统默认值，最终毛坯工艺参设定值如图4.23所示。

图4.22　毛坯定义

图4.23　毛坯工艺参数设定

4.5.6　自动定位工具

选择"UserSetup"|"Position Tools"|"Auto Position"（自动定位工具）菜单项，弹出如图4.24所示的对话框。设定"Master Tools"（主工具）为"BLANK"，主工具是在自动定位的时候固定不动的工具。然后在"Slave Tools"列表中选择剩下的工具（选择时按住Ctrl键才能进行复选），"Contact Gap"（接触间隙）值设定为1.0 mm（通常为毛坯的厚度），最后得到的各个工具的位置图如图4.25所示。

4.5.7　测量 PUNCH 的运动行程

选择"UserSetup"│"Position Tools"│"Min. Distance"（工具间位置的最小距离）菜单项，弹出如图 4.26 所示的对话框。选择所要测量距离的"PUNCH"和"DIE"两个工具，得到的距离为 52.001mm，这是下一步设定 PUNCH 运动曲线的依据。

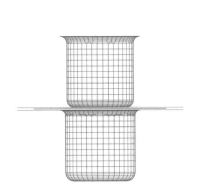

图 4.24　工具定位　　　　图 4.25　工具自动定位结果　　　图 4.26　PUNCH 运动行
程的测量对话框

4.5.8　定义 PUNCH 运动曲线

选择"UserSetup"中的"Define Tools"菜单项，弹出如图 4.27 所示的对话框。在"Tool Name"下拉列表中选择所要设定运动曲线的工具"Punch"，单击"Define Contact"按钮，弹出如图 4.28 所示的对话框，对 PUNCH 的接触参数进行设定，此处均采用系统的默认值并点击"OK"确定。对如图 4.27所示的对话框单击"Define Load Curve"按钮，弹出如图 4.29 所示的对话框，选择"Curve Type"（曲线类型）为"Motion"，单击"Auto"按钮弹出如图 4.30 所示的对话框。设定 PUNCH 的"Velocity"（运动速度）为 2000mm/s，在"Stroke Dist."设定运动位移为 36mm。最终设定的 PUNCH 的运动位移曲线如图 4.31 所示。

图 4.27　运动参数

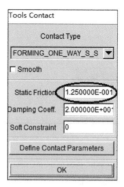

图 4.28　接触参数

图 4.29　PUNCH 运动设定

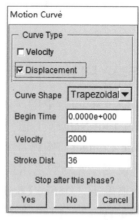

图 4.30　PUNCH 运动曲线设定

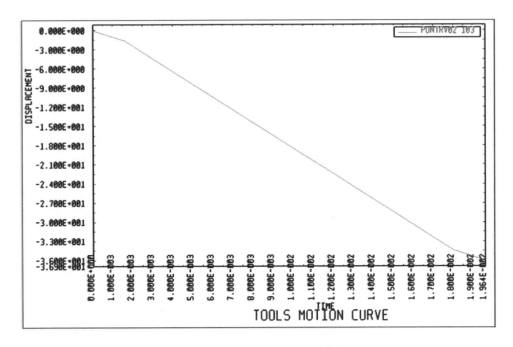

图 4.31　PUNCH 运动位移曲线

4.5.9　定义压边圈的压力曲线

在图 4.27 中的"Tool Name"下拉列表框中选择"Binder"选项，同上
所述设定 BINDER 的接触参数，采用系统默
认值。单击"Define Load Curve"按钮，选
择"Curve Type"（曲线类型）为"Force"，单
击"Auto"按钮弹出如图 4.32 所示的对话框，
设定 BINDER 的压边力为 50000N，最终设定
BINDER 的压边载荷曲线如图 4.33 所示。

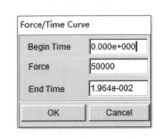

图 4.32　BINDER 压边力设定

4.5.10　预览工具的运动

选择"UserSetup"|"Animate"（预览）菜单项，弹出如图 4.34 所示的
对话框，工具运动总需时间为 0.019636s。单击"Play"（播放）按钮可以观
看工具的模拟运动。

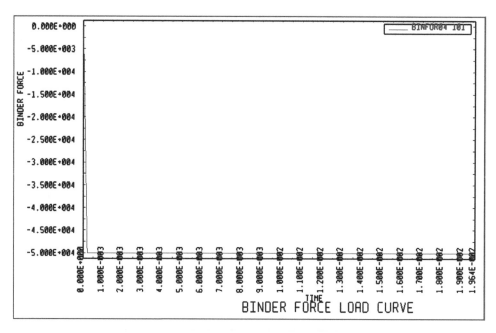

图 4.33　BINDER 压边载荷曲线

4.6
分析参数设置及求解计算

　　选择"UserSetup"|"LS-DYNA"菜单项，弹出如图 4.35 所示的对话框。"Control Parameters"中各个参数值采用系统默认值，选择"Analysis Type"（分析类型）下拉列表为"LS-Dyna Input File"（图 4.35），生成 LS-DYNA 分析所需的输入文件，然后点击 Submit Job 后（图 4.36），启动求解器进行计算。在初始模拟确定模拟方案时取消图 4.35 所示对话框中"Adaptive Mesh"选项，以减少初始确定模拟方案的时间；在确定了大致的模拟方案后可选中"Adaptive Mesh"复选框以提高模拟精度，相应的模拟时间也会增加许多。在设置好各项模拟参数后单击"OK"按钮开始进行后台的模拟计算，如图 4.37 所示。

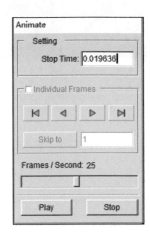

图 4.34　工具运动过程预览对话框

图 4.35　分析参数设定对话框

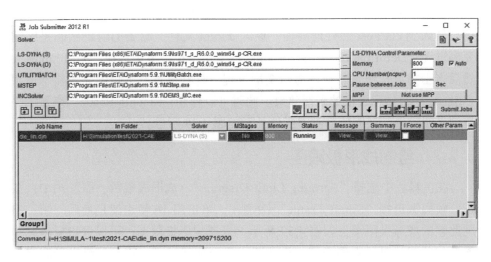

图 4.36　点击"Submit Jobs"

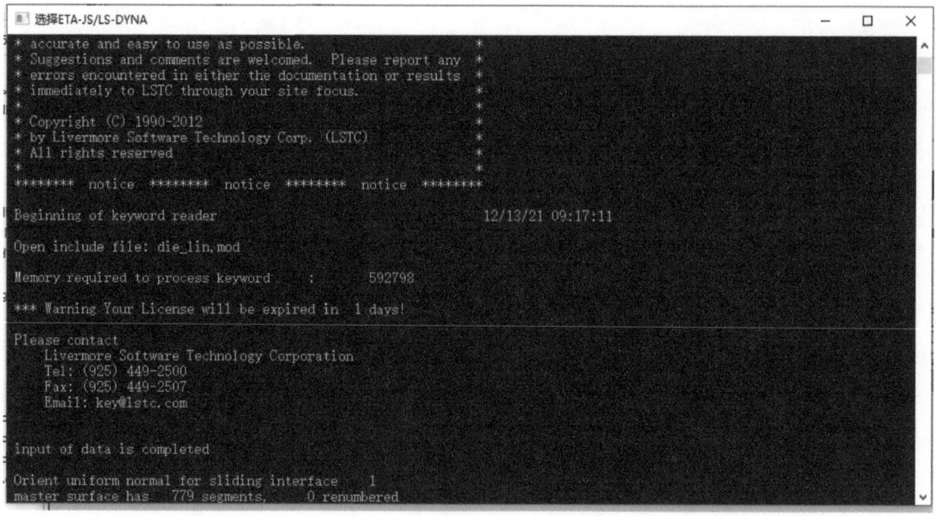

图 4.37　模拟分析计算窗口

4.7
后处理

4.7.1　绘制变形过程

在菜单栏中的"PostProcess"进入 DYNAFORM 后处理程序，即通过此接口转入到 eta/Post 后处理界面。读入 d3plot 文件，缺省的绘制状态是绘制变形过程（Deformation）。在"Frame"（帧）下拉菜单中选择"All Frames"，然后点击播放按钮进行动画显示变形过程。打开屏幕右下角的光照显示选项（"Shade"），显示模型的光照效果。此时可以打开"Smooth Shade"来显示平滑的光照效果，最终所得到的零件外形如图 4.38 所示。

4.7.2　绘制成形极限图

在工具栏中选择"Forming Limit Diagram"（成形极限图，缩写 FLD）按钮，帧类型选择"Single Frame"（单帧），单击第 16 帧也就是最后一帧，出现此帧的成形极限图，如图 4.39 所示。根据成形极限图，可以看出板料总体的变化状况。对于本例来说，许多节点集中在起皱区，这与最终出现的零件起皱现象相一致。出现此种现象的原因可能是本例所提供的压边力不足。接下来增加压边力到 80000N，再次对该成形过程进行模拟，模拟结果如图 4.40 所示，发现压边力过大，零件壁部分大量节点超出成形极限图，造成破裂发生。除了可以通过修改压边力改善成形过程外，还可考虑修改模具的圆角半径。

图 4.38　零件变形图

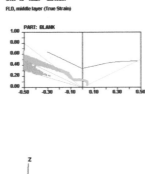

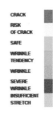

图 4.39　成形极限图（压边力为 50000N）

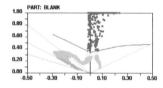

STEP 10 TIME: 0.012623
FLD, middle layer (True Strain)

PART: BLANK

CRACK
RISK
OF CRACK
SAFE
WRINKLE
TENDENCY
WRINKLE
SEVERE
WRINKLE
INSUFFICIENT
STRETCH

ETA/POST

图 4.40　成形极限图（压边力为 80000N）

扫码可看
· 微课视频
· 拓展资源
· 配套课件

第 5 章

DEFORM 6.1 软件及功能介绍

5.1
DEFORM 软件简介

DEFORM-3D（简称 DEFORM）是一套基于工艺模拟系统的有限元软件，能够分析金属成形过程中多个关联对象耦合作用的大变形和热特性，其典型应用包括锻造、挤压、镦粗、轧制、弯曲和其他成形加工方式。DEFORM-3D 集成了网格重划生成器，可在任何必要时自行触发，并对网格进行重新划分。在要求精度较高的区域，可以划分较细密的网格，从而降低题目的运算规模，并显著提高计算效率。

DEFORM 软件具有以下特点。

① DEFORM-3D 是在一个集成环境内综合建模、成形、热传导和成形设备特性进行模拟仿真分析，适用于热、冷、温成形过程，如：材料流动、模具填充、锻造负荷、模具应力、晶粒流动、金属微结构和缺陷演变过程等。

② 不需要人工干预，全自动网格再划分。

③ 前处理中自动生成边界条件，数据准备快速可靠。

④ DEFORM-3D 模型来自于 CAD 系统的面或实体造型，造型格式为（stl/sla）。

⑤ 集成有成形设备模型，如：液压压力机、锤锻机、螺旋压力机、机械压力机、轧机、摆辗机和用户自定义类型（如胀压成形设备）。

⑥ 表面压力边界条件处理功能适用于解决胀压成形工艺模拟。

⑦ 材料模型有弹性、刚塑性、热弹塑性、热刚黏塑性、粉末状、刚性材料及自定义类型。

⑧ 实体之间或实体内部的热交换分析既可以单独求解，也可以耦合在成形模拟中进行分析。

⑨ 具有 FLOWNET（流动网格）和点示踪、变形、云图、矢量图、力 - 行程曲线等后处理功能。

⑩ 具有 2D 切片功能，可以显示工件或模具剖面结果。

⑪ 程序具有多联变形体处理能力，能够分析多个塑性工件和组合模具应力。

⑫ 后处理中的镜面功能，提供了高效处理具有对称面或周期对称面模型的功能，并且可以在后处理中显示整个模型。

5.2
DEFORM 6.1 的主界面

启动后的 DEFORM 界面如图 5.1 所示，其主界面包含以下功能。

① 创建新项目。通过选择"File"|"New Problem"创建新的模拟项目（或创建新问题）。

② 设定工作路径。通过选择"File" | "Change Browser Location" 来设定工作路径。

③ 观察模拟过程信息。主界面中的"Summary""Preview""Message""Log"及"Memo"五个按钮提供了模拟过程的各种信息。

④ 进入前处理窗口。主界面中的"Pre Processor"菜单栏是进入DEFORM 软件前处理的窗口。点击"DERORM-3D Pre"按钮可进入DERORM 的通用前处理界面；"Maching（Cutting）"模块为机械加工向导界面，它包括车削、钻削、铣削等机械加工工艺；"Forming"模块为成形向导界面，它包括冷成形、温成形、热成形等工艺；"Die Stress Analysis"模块为模具分析向导界面。

图 5.1　DEFORM 6.1 软件主界面

　　⑤ 模拟控制。主界面的"Simulator"是模拟控制菜单栏;"Run（options）"模块为模拟选项对话框。"Batch Queue"模块为模拟任务队列设置对话框,有多个任务时,可以安排模拟的先后顺序。

　　⑥ 进入后处理窗口。主界面的"Post Process"是进入后处理的窗口,可以在模拟任务正在进行时点击"DEFORM-3D Post"进入后处理分析界面。

5.3
DEFORM-3D 软件的模块结构

　　塑性成形 CAE 仿真系统的建立,是将弹塑性有限元理论、刚塑性有限元理论、刚塑性成形工艺学、计算机图形处理技术等相关理论和技术进行有机结合的过程。DEFORM-3D 软件的模块结构由前处理器、计算分析器和后处理器三大模块组成。

5.3.1　前处理器

　　前处理器包括三个子模块:
　　① 数据输入模块,便于数据的交互式输入,如初始速度场、温度场、边

界条件、冲头行程以及摩擦系数等初始条件数据；

② 网格的自动划分与自动再划分模块；

③ 数据传递模块，当网格重新划分后，能够在新旧网格之间实现应力、应变、速度场、边界条件等数据的传递，从而保证计算的连续性。

5.3.2 求解器

有限元分析过程是在求解器中完成的。DEFORM 运行时，首先通过有限元离散化将平衡方程、本构关系和边界条件转化为非线性方程组，然后通过直接迭代方法和牛顿－拉弗森法进行求解，求解的结果以二进制的形式进行保存，可在后处理器中获取所需要的数据。

5.3.3 后处理器

DEFORM 软件的后处理器主要是对有限元计算产生的大量数据进行解释，并显示计算结果。结果可以是图形形式，也可以是数字、文字混编的形式，模拟得到的结果可为每一步的有限元网格、等效应力、等效应变以及破坏程度的等高线和彩色云图、速度场、温度场以及压力行程曲线等。此外，利用 DEFORM 后处理还可以对点进行跟踪，尤其可以对个别点的轨迹、应力、应变、温度进行跟踪观察，并可根据需要抽取数据。

5.4
DEFORM-3D 操作流程概述

DEFORM 软件的操作流程如下。

① 定义几何特征。DEFORM-3D 不具备复杂的三维造型功能，所以物理模型要在其他三维造型软件中建立。DEFORM 中对象的几何数据有多种格式可供选择，如 stl 曲面数据格式，DEFORM 专用数据格式（AMGGEO），IDEAS universal、PATRAN neutral 曲面定义格式，其带 3D 网格剖分数据格式等均可直接输入 DEFORM 系统中。

② 网格划分。DEFORM 网格划分命令可以生成四面体单元，这种四面体单元适用于表面成形。

③ 初始条件。有些成形过程是在变温环境下进行的，比如热轧，在轧制

过程中，工件、模具与周围环境介质之间存在热交换，工件内部因变形生成的热量及其传导都会对产品的成形质量产生重要的影响，该问题的仿真分析应按瞬态热-机耦合处理。DEFORM 材料库能够提供各温度下的材料特性。

④ 材料模型。DEFORM 可选的材料模型为刚塑性。在材料库中对每一种支持的材料提供了不同温度和应变率下材料流动应力应变曲线和热膨胀系数、弹性模量、泊松比、比热容、热导率等随温度变化的曲线。

⑤ 接触定义。接触菜单用于定义工件与所有用到的模具之间可能产生的接触关系。工件在变形过程中的温度、变形是待求量，工件通常被定义成可变形接触体。通常情况下，最简单、计算效率最高的定义是用二维曲线（2D 平面或轴对称锻造）或三维空间曲面（3D 锻造）描述模具参与接触部分的外表面轮廓，用刚性接触体描述。常温下，刚性接触体主要用于传递刚体位移或合力作用。如果需要考虑模具的温度变化，可将模具上所关心的部分离散成单元，定义成允许传热的刚性接触体，分析过程中，模具既有传递位移或合力作用，同时可以有内部热量的传导和与外界的换热。在实际锻造过程中，模具或多或少都存在变形，当要分析模具的温度和变形时，可将模具离散成具有温度和位移自由度的有限单元，定义成可变形接触体，这会使计算规模增加，但分析结果更合乎实际情况。还有一类刚性接触体为对称面，定义在工件上具有对称边界条件位置处，起施加对称边界条件的约束作用。定义的对称刚性平面可以满足法向的零位移约束和法向的零热流条件。

⑥ 网格自动重新划分。模拟分析过程中，单元附着在材料上，材料在流动过程中极易使相应的单元形状产生过度变形，继而导致畸变，单元畸变后可能会中断计算过程。在 DEFORM 软件中，当网格畸变到一定程度后会自动重新划分畸变的网格，生成新的高质量的网格。对三维有限元分析，按增量加载频率或两组两个网格重划期间累计的最大应变增量来引导程序自动的网格重划。

⑦ 增加约束。DEFORM 可以在节点上增加各个自由度的约束。

⑧ 后处理。DEFORM 后处理菜单提供了直观方便的评价成形过程、成形产品质量、工具损伤的必须信息以及以图片、文本和表格形式提取和保存所需结果的各种工具。DEFORM 支持在加工过程中以等值线、彩色云图、数值符号、色标、等值面和切平面矢量等方式显示各种场变量分布。

扫码可看
· 微课视频
· 拓展资源
· 配套课件

第6章

方砖镦粗成形过程 DEFORM 模拟分析

从本章开始，将进入 DEFORM 软件模拟实例的介绍分析，通过循序渐进的例子，讲解利用 DEFORM 软件分析金属塑性成形过程的步骤，本章以一方砖镦粗成形过程的分析为例。

6.1
方砖镦粗前处理设置

6.1.1 创建新项目

在"开始"菜单或桌面上双击 DEFORM-3D 图标，运行软件，建立该分析任务的工作目录。单击菜单项"File"|"New Problem"创建新问题，选择"DEFORM-3D pre-processor"，输入文件名"Block"，再点击"Finish"按钮，进入前处理界面。如图 6.1 所示。

进入前处理界面后，菜单栏上的按钮 为前处理的主要功能键，依次为：模拟控制设置、材料定义、模型定位、对象间关系定义、数据文件生成。

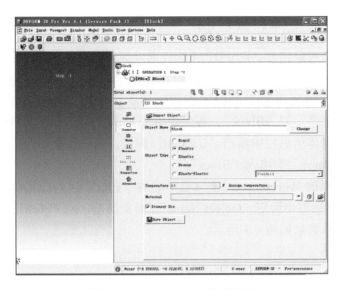

图 6.1　DEFORM 前处理界面

6.1.2　设定模拟名称、类型

单击模拟控制按钮，进入模拟控制设定窗口，如图 6.2 所示。本例中在"Simulation Title"一栏中填写模拟名称"Block"。"Units"选择"English"，即单位类型选择英制，激活"Deformation"复选框，接着单击"OK"按钮完成设置。

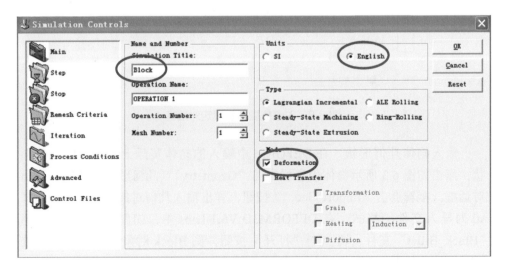

图 6.2　模拟控制设定窗口

6.1.3 输入工件对象数据

首先定义对象信息。DEFORM 软件前处理时会在物体树中自动创建默认名为 "Workpiece" 的对象，可以通过前处理主界面上的 按钮将其他对象加入物体树，通过 按钮删除不需要的对象。要更改 "Workpiece" "Object Name"（对象名）为 "Block"，需用鼠标先单击物体树中的 "Workpiece" 对象，接着在物体信息栏中单击 "General" 按钮，出现如图 6.3 所示的对话框，在 "Object Name" 中填入 "Block"。

输入模拟的 Workpiece 对象（已命名为 "Block"）为变形体时，应该在 "General" 对话框中设定 "Object Name"（对象类型）为 "Plastic"（塑性体），设置好的物体信息如图 6.3 所示。

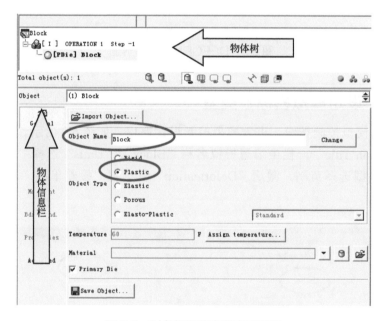

图 6.3 对象概要信息设定对话框

输入物体几何形状，在 DEFORM 中输入的物体实际上是物体的几何形状，点击如图 6.3 所示物体信息栏中的 "Geometry"（几何形状）按钮，弹出对话框，接着点击 "Import Geo..." 按钮，弹出输入几何对象的对话框，选择 stl 为导入文件的格式，在 DEFORM3D\V6.1\Labs 中，如图 6.4 所示，选择 "Block_Billet" 文件，再点击 "打开" 按钮，则 Block 对象就会显示在前处理窗口中，如图 6.5 所示。

图 6.4　选择 Block 对象

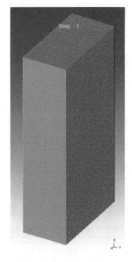

图 6.5　对象的显示

接下来，要对 Block 进行网格划分，点击物体信息栏中的"Mesh"按钮，出现如图 6.6 所示的网格划分对话框，在"Number of Elements"栏中，滑动控制块到 5000 网格左右，再点击"Preview"按钮，预览对象网格划分得是否理想。如果网格划分达到要求，则单击"Generate Mesh"按钮，生成对象网格划分三维图，如图 6.7 所示。

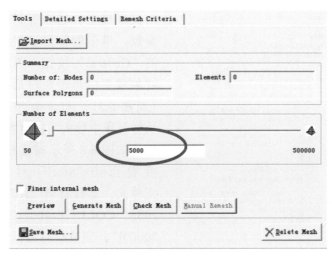

图 6.6　网格划分对话框

图 6.7　划分好的网格

网格划分有两种方式：一种是指定单元数量，这是系统默认划分方式；另一种是手动划分网格方式。点击"Mesh"按钮之后，在"Detailed Settings"里面可以修改划分方式。需要说明的是，指定的网格单元数量只是网格划分的上限约数，实际划分的网格单元数量不会超过这个值。此外，还可以通过拖动滑块修改网格单元数，也可以直接输入指定数值。该数值和系统计算时间有着密切的关系，该数值越大，所需要的计算量越大，计算时间就越长。

另一种手动设置网格使用的是"Detailed Settings"里的"Absolute"方式，该方式允许指定最小或最大的网格尺寸和最大与最小网格尺寸的比值。该值设置完成后在网格单元数量中可以看到网格的大概数目，但无法在此修改，只能通过修改最大或最小单元尺寸来修改单元数目。

设置完成之后直接点击"Generate Mesh"按钮生成网格单元。需要注意的是，对于仅仅是 Deformation 模拟刚性对象是无法划分网格的，如果有热模拟，则需要对刚性模具划分网格。如果划分网格之后觉得网格数量或质量不合适，则可以通过"Tools"里面的"Delete Mesh"按钮删除以前划分好的网格。这时所加的材料信息将会丢失，需要再次添加材料。

工件的材料类型定义为塑性体，因而需输入流变应力数据。若材料类型为弹性体，则包括性能（塑性）数据也都要输入。另外，若模拟环境为非等温情况（温度是变化的），则还需要输入材料热性能数据。一般情况下，主要对工件变形进行仿真，因而仅需要工件的塑性材料参数。单击物体信息栏中的"General"按钮，弹出对象概要信息设定对话框（同图6.3），点击 按钮从材料库中导入所需材料，弹出如图 6.8 所示对话框，接着点击"Steel"材料文件夹，选择材料"AISI-1035，COLD[70-400F(20-200C)]"，完成材料数据的输入。在物体树中右击"Block"，打开"Material Properties"对话框，可以修改所选定的材料。

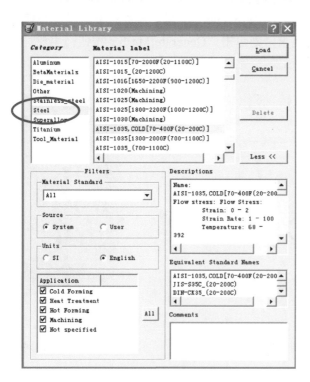

图6.8　材料数据选择对话框

> **注意：** 只有在完成网格划分之后工件才能添加材料。需要说明的是，材料库中名称为"AISI"开头的为美国标准，"DIN"开头的为德国标准，"JIS"开头的为日本标准，材料名字后面带有温度的含义是该材料在此温度范围内使用，材料库中有其对应的流动应力。

6.1.4　输入模具

在前处理主界面上，单击物体树下的 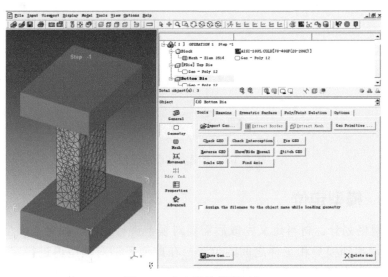 按钮加入对象 (2)，注意此时该对象已经被激活，系统默认名为"Top Die"，对象类型定义为"Rigid"（刚体），激活"Primary Die"主模具开关。选择 DEFORM 软件安装目录下的"DEFORM3D\V6.1\Labs"里的"Block_TopDie"作为上模具。为了检查对象在输入 DEFORM 软件中时是否出现了问题，可单击输入几何形状菜单栏中的 Check GEO 按钮，弹出该实体的几何信息表。检查对象的几何问题，包括对象外法线方向的检查，单击 Show/Hide Normal 按钮，对象的外法线方向就会在图中显示出来。正确的方向是指向对象外的，如果方向反了，可单击 Reverse GEO 按钮。注意：对象如果是个面，其法向应该指向变形体，如果方向反了，同样单击 Reverse GEO 按钮进行修正。

重复上述对象 (2) 生成步骤创建对象 (3)，选择文件"Block_BottomDie"，作为下模具。同样选择对象类型为刚体。此时三个对象会被显示在前处理界面 Display 窗口中，如图 6.9 所示。对于刚体对象，不用划分网格，同样也不需要定义材料特性，因为刚体被认为是不变形的。

图 6.9　定义好的模拟对象

6.1.5 设置物体的温度

物体的材料特性，例如流动应力，被定义为温度的函数，因此尽管在某些模拟过程中工件的温度不变化，仍必须正确设置工件的温度。当物体被载入物体树时，它们温度的默认值是 68 °F 或者 20 ℃，这个默认的温度值表示室温。如果要检查工件在模拟过程中的温度，可以在状态变量一栏查看温度变量，本例工件的正确温度是 68 °F。对于模具温度也应该设定，本例中，模具温度使用默认温度 68 °F。

6.1.6 设置模具的运动

本例中，上模具 Top Die 向下移至与工件 Block 接触后开始进行镦粗。选中物体树中的"Top Die"对象，在物体信息栏中单击"Movement"运动按钮。该模具按一定速度移动，定义速度为 1in/s（1in=2.54cm），方向为沿 Z 轴反方向，如图 6.10 所示。本例中仅上模具匀速向下移动，下模具是固定的，没有任何移动，上下模具间的工件，在上模具向下的移动中被镦粗变形。另外，可以对模具施加合适的力让模具移动，同样可以施加压力。

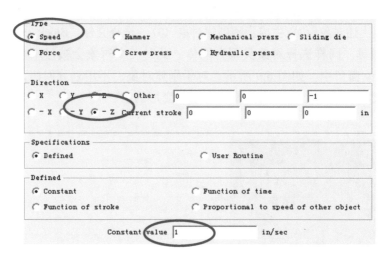

图 6.10　上模具的运动设置

6.1.7 模型定位

当网格划分、材料定义完成后需要对模型进行定位。如果在模型建立阶段已经考虑到模具和工件之间的位置，在此便无须对模型再进行定位处理。例如本例中上模下表面与工件上表面正好接触，不用调整其相对位置关系，否则，需要对物体的空间位置进行调整。模型定位有两个目的，一是可以移动、旋转物体，改变它们的最初位置。因为在 DEFORM-3D 的前处理中不能造型，所以这一项功能特别重要，可以将输入到 DEFORM 中的毛坯、模具几何模型进行调整。二是为了更快地使模具和坯料接触，并使它们干涉，有一个初步的接触量，可以节省计算时间。另外，还可以定义摩擦接触的关系、摩擦系数、摩擦方式等。

点击主界面菜单栏中的 按钮，弹出定位窗口，如图 6.11 所示。在此窗口中，有五种定位物体的方法，分别为"Drag"（拖动）、"Drop"（下落）、"Offset"（平移）、"Interference"（接触）、"Rotational"（旋转）。下面进行分述。

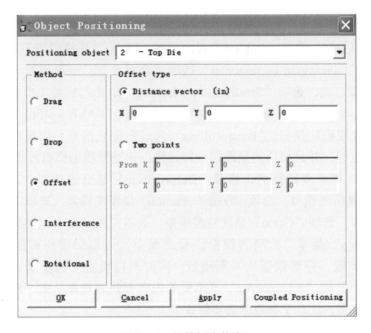

图 6.11　物体间定位窗口

① 拖动定位。是指用鼠标沿设定的坐标轴手动拖动物体进行定位，此定位方法是 DEFORM6.1 版本的新功能。

② 下落定位。使用该按钮可以使选中的对象下落到指定方向上的另一个对象上，对于指定的定位物体要求被定位在模具中是非常有效的。

③ 平移定位。是指使要定位的物体按照给定的距离移动。

④ 接触定位。指的是在移动一个对象时，使用另外一个对象作为参考，让两个物体产生一定的干涉接触。但也可以设置干涉量为 0，即接触但不干涉。其中的方向是参考对象相对需要移动的物体的方向，也就是要移动的物

体趋近参考对象的方向。塑性体在没有划分网格时不可作为参考对象。

⑤ 旋转定位。可以按照指定的角度旋转所选的对象。需要指定旋转轴和旋转中心，旋转中心默认为 (0,0,0)，在必要时可以修改。

6.1.8 模拟控制设定

点击主界面菜单栏里的 🤚 按钮，进入模拟控制设定窗口，如图 6.2 所示。在这个窗口中，有许多变量需要设置，这对模拟的顺利进行至关重要。首先对多个模块进行解释，之后再介绍本例所需的参数设置。

（1）模拟控制设定的主要模块

① "Main" 菜单。为主菜单。"Units" 栏用于选择物理单位制，选项 "SI" 代表国际单位制，选项 "English" 代表英制。"Type" 选择栏用于选择模拟方式：选项 "Lagrangian Incremental" 是增量模拟方式，一般模拟问题应该选择增量模拟方式；选项 "Steady-State Maching" 是稳态机加工模拟方式；选项 "Steady-State Extrusion" 是稳态挤压模拟方式；"ALE Rolling" 是任意拉格朗日 - 欧拉辊轧模拟；"Ring-Rolling" 为成形辊轧模拟。如果模拟的是车削或拉深过程，并且使用的是欧拉计算方法，则选择稳态模拟方式。"Mode" 选择栏是模拟类型选择栏：选项 "Deformation" 是变形模拟；选项 "Heat Transfer" 是传热模拟，选项 "Transformation" 是相变模拟，选项 "Diffusion" 是扩散模拟，选项 "Grain" 是晶粒度模拟，选项 "Heating" 是热处理模拟。

② "Step" 菜单。此项为模拟步设定菜单，可以设定模拟的起始步序号、模拟步数、存储数据的间隔步数，同时可以设定计算步长。其余两个 "Advanced1" 和 "Advanced 2" 菜单里的内容都是系统默认的，对于大多数数值模拟来讲，这几个参数不需要修改。

③ "Stop" 菜单为停止菜单，所有停止模拟设定都在停止菜单中。

④ "Remesh Criteria" 菜单为网格重划标准菜单。DEFORM 软件具有重新划分网格的能力，重新划分网格后，原节点的信息不会丢失。设定变形物体的重划网格标准，有两种选择：一个是 "Absolutely"（绝对值），另一个是 "Relative"（相对值），多数情况下会选择相对值进行设定。

⑤ "Iteration" 菜单为求解、迭代方法设定菜单。对于典型的成形模拟，用系统默认的求解方法就能计算得很好。系统默认的求解方法为共轭梯度法，对应的选项为 "Conjugate-Gradient"。其他的求解方法为 "GMRES" 广义最小余量法、"Sparse" 松弛求解法。系统默认的迭代方法为直接迭代法，对应的选项为 "Direct Iteration"。

系统默认的收敛误差值对常规模拟也是合适的，不需要进行修改。以下三种情况可以使用松弛求解法，利用直接迭代法来模拟：

a. 弹性或弹塑性物体；

b. 多个变形物体；

c. 模具是由载荷步控制的。

⑥ "Process Condition" 菜单为工艺条件设定菜单。此菜单是用来进行环境温度和物体与环境之间的热传递系数值的设定。

⑦ "Advanced" 菜单为高级设定菜单。当前的模拟时间可以在高级菜单中看到，当前模拟时间在 "Current Global Time" 栏中显示，通过此栏可知目前模拟经过的时间。

（2）本例所需的模拟参数设置

进入模拟控制设定窗口后，打开 "Step" 模拟步设定菜单，设置 "Starting Step Number"（开始模拟步数）为 -1，负号表示它是重新划分网格的起始步，由前处理（Pre-Processor）读入。输入 "Number of Simulation Steps"（设置模拟步数）为 20。除非模拟意外终止，否则程序将运行至 20 步。设置 "Step Increment to Save" 为 2，表示每 2 步保存一次，可以避免每步都保存，造成数据文件过大。

设定主模具 "Primary Die" 为 Top Die，也就是本例中的对象 (2)。

前面设置了模拟步数为 20 步，但每一步的含义还没有明确。现在来确定模拟计算步长，一般认为步长应设置为工件网格单元最小尺寸的 1/3 ～ 1/5，尽量设小不设大。因为在计算模拟的时候，增量步代表模具每次压下工件的距离或工件变形的程度，所以当工件变形程度过大的时候，网格单元就会发生较大的变化，网格形状就会变坏，造成单元畸变。在有限元网格中，较好的单元形式为锐角三角形，钝角三角形较差。当增量步设置较大的时候，工件网格三角形会大量地变为钝角三角形，发生单元恶化或变坏。

单元最小尺寸可以通过标尺来测量，也可以通过察看工件的网格看 "Detail Settings" 里面的最小网格尺寸，得知最小单元尺寸约为 0.3 in，对于简单模拟而言，可将该值的 1/3 设置为步长，即设置 "Solution Steps Definition" 为 "With Die Displacement" 类型，并设置其 "Constant" 值为 "0.1"，如图 6.12 所示，因此在模拟过程中上模将向下 (-Z) 运动 2 in。

另外，单击 "Advanced1" 按钮，设置 "Maximum Contact Time"（最大接触时间）为 1，这可防止任意两步之间出现次步计算，同时也可加快模拟过程。

如果知道模具需要移动的距离，则可以在"Stop"菜单中设置模具停止的条件，这样就可以在步数里面设置需要的步数，当模具到达设置的位移后会自动停止运行。停止条件的设置一般以主模具的位移作为参考。

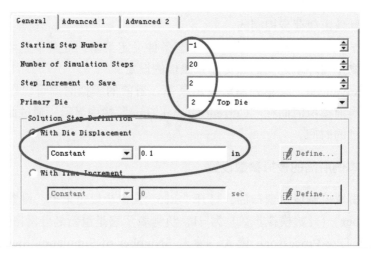

图 6.12　模拟控制设定

注意：模拟过程中，模拟计算步长的确定是十分重要的，那么如何确定模拟计算步长呢？DEFORM 软件规定了两种计算步长方式，分别由时间或模具行程来确定。对于普通的变形问题，采用行程决定方式较好；对于几何形状简单，边角无流变或其他局部严重变形的问题，步长可选模型中较小单元边长的 1/3 为参考标准；对于复杂几何形状诸如有飞边或平面模外挤，步长则应选择该边长的 1/10，步长太大可能会引起网格的迅速畸变，而太小会引起不必要的计算时间消耗。出现诸如流变模式改变、某一步长单元网格划分失败、几何形状过于简单或者模拟过程太长等情况时，可调整该参数后重新开始进行模拟。

6.1.9　对象间关系设定

点击 按钮进入对象间关系定义窗口。在这个窗口中，所有物体的对象间关系被定义。点击时，系统弹出一个询问对话框，表示对象间的关系还不存在，是否按照系统默认值建立对象间的关系，点击"Yes"按钮即可。默认状态下，定义的是变形体与所有刚体之间的关系。如图 6.13 所示，接着出现了对象间关系设定菜单，系统已默认了上模具、下模具与工件的主从关系。

由于上模与工件、下模与工件也是接触关系，本例中不涉及传热问题，但涉及摩擦问题，因此除了定义主从关系外，还需定义它们之间的摩擦系数。

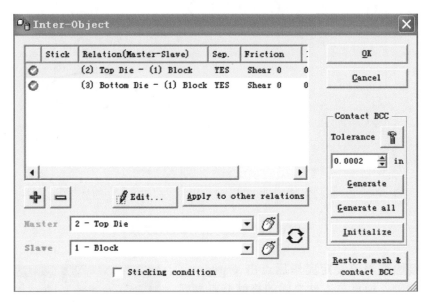

图6.13 对象间关系定义菜单

① 定义主从关系。单击刚产生的对象关系对，在"Master"栏中点开下拉列表，选择不变形物体（刚体）作为主件，在"Slave"栏中选择变形体（塑性体）作为从件。

② 定义对象间摩擦关系。鼠标单击新定义的对象关系对，接着点击 Edit... 按钮，在"Friction"（摩擦系数）一栏的"Type"（类型）栏中选择剪切摩擦"Shear"，在摩擦系数值栏选择"Constant"（常数），接着点击它右边的下拉列表，选择"Cold Forming（Steel Dies）"，摩擦系数0.12就会显示在摩擦系数值一栏中。同样，可以按照上述方法定义下模具与工件的摩擦系数，但在DEFORM软件中，对于具有相同接触信息特征的关系对，可以通过点击 Apply to other relations 按钮，把第一个定义的关系信息复制到所有的关系对中。

③ 定义接触容差。所有的对象间关系定义完毕后，就可以设定接触容差了，本例中默认的接触容差值为0.0113 in（图6.14）。DEFORM软件要求接触关系间有一个合理的接触容差值，如果接触容差值太大，模具上的接触点会过多，导致工件网格变形。相反，如果容差值太小，则意味着模具与工件没有接触。

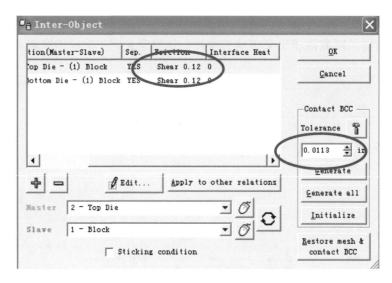

图 6.14　设置好的对象接触关系

接触容差值设定完毕后点击 Generate all，生成接触。模具与工件之间的接触节点高亮显示，如图 6.15 所示。

6.1.10　生产数据库文件

单击"存储"按钮，以".k"文件形式存储模拟项目的数据信息。DEFORM 软件的 k 文件是二进制文件，可以用文字编辑软件打开，也可以直接修改。

至此，可以生成该任务的数据库文件。FEM 引擎利用该数据库文件来存储该问题的有限元解算数据。在 DEFORM 软件的前处理中所设置的模型参数，如模拟参数、材料性能、移动控制等数据均被传递到该数据库中。

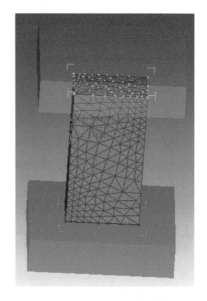

图 6.15　接触点高亮显示

单击"数据库" 按钮，单击"Check"按钮，检查数据库文件是否能够生成。本例中，工件的体积未设定补偿，因此出现了 信息提示符，这个问题对本模拟不会构成精度上的影响，也不会影响数据库的生成，所以可以不修改。

接着点击"Generate"按钮生成数据库文件，如图 6.16 所示。

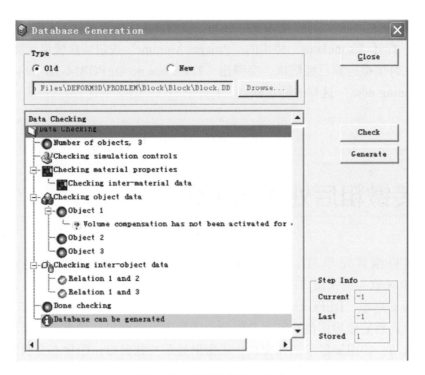

图 6.16　数据文件检查信息

6.1.11　退出前处理

　　数据库生成后就可以退出 DEFORM 软件的前处理。退出前处理后，回到了 DEFORM 软件的主窗口，会发现在项目栏中多了两个文件，分别是"Block.db"和"Block.key"文件。"Block.db"即为提交运算的数据库文件。

6.2
启动求解器进行模拟运算

　　DEFORM 软件前处理生成的数据库文件，包含了所有模拟的数据信息，只需要把数据库文件提交给 FEM 运算器，模拟就可以开始。

　　本例提交模拟运算的步骤如下。

　　① 在项目栏中单击"Block.db"文件，使此文件高亮显示。

② 单击"Simulator"栏中的"Run"按钮，进入提交运算对话框。

③ 打开"Simulator"栏中的"Process Monitor"按钮观察模拟运算情况，如果此时模拟运算已经结束，会弹出"There are no DEFORM-3D jobs which are running now."这样的消息框。

6.3
方砖镦粗后处理结果分析

模拟运算完毕后，所有的模拟信息将存储在 Block.db 文件中。在 DEFORM 软件的主窗口的项目文件栏中单击"Block.db"文件，使其高亮显示，接着单击"DEFORM-3D Post"按钮进入后处理界面，如图 6.17 所示，可以看到后处理界面包括下面几部分：①图形显示窗口；②步数选择和动画播放选项；③图形显示选择窗口；④图形显示控制窗口；⑤状态变量的显示和选择选项等。

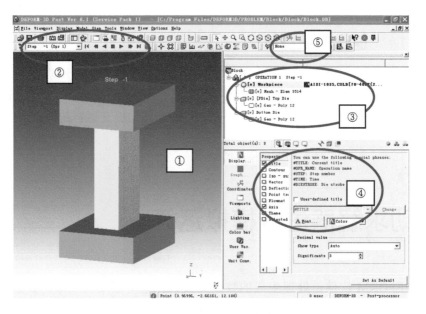

图 6.17　DEFORM 软件后处理界面

6.3.1　步列的选择

窗口的左侧有步列下拉列表 `Step   -1 (Opr 1)   ▼`，可打开步数选项，单击选择的步序数，也可用以下按钮 `◄ ◄◄ ◄ ■ ► ►► ►◄` 实现该功能。

6.3.2　状态变量的读取

步列选定后，在物体树中选择"Block"工件，接着单击 🔧 按钮，选取"Strain-effective"（等效应变）作为分析对象，也可在 🔧 旁边的选项栏中，直接选取等效应变，在状态变量选择对话框中，选取"Scaling"中的 `⊙ Global` 作为缩放比例。此缩放比例是以整个模拟过程中等效应变的最小值和最大值作为显示的极限，显示当前选定步列的等效应变。

图 6.18 是方砖镦粗模拟最后一步的等效应变的云图，从图中可反映出三个信息。

① 原来的矩形块体两端，有向鼓形发展的趋势。

② 由于摩擦力的作用，工件与模具接触的部分等效应变最小，中间部分等效应变较小，接近一个常数。

③ 边界上等效应力值变化比较大。

实际锻造过程中也往往发生以上三种现象，由此说明了模拟结果的正确性。图 6.18 是用彩色云图（渲染）显示的等效应变，工件上各个部位的等效应变是靠颜色来区分的。如果觉得渲染图不能清晰地反映状态变量值分布的情况，可在状态变量对话框中，选择以线方式进行显示。如图 6.19，等效应变图是以等高线方式显示的。

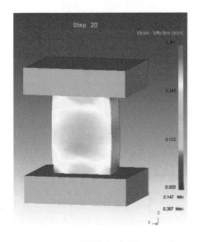
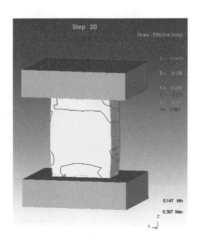

图 6.18　等效应变显示云图　　　　图 6.19　等效应变等高线图

6.3.3 工件上点的追踪

　　DEFORM 软件提供了变形体上点追踪的功能，不仅可追踪每个点位置，还可以对点的状态变量进行追踪。单击"点追踪"菜单栏中 按钮，弹出点追踪对话框，点击步列选择，使步列选择到工件未变形时，用鼠标连续单击 Block 工件上的三个点，这三个点的坐标会显示在点追踪对话框中，如图 6.20 所示。接着点击"Next"按钮，接受默认值，单击"Finish"按钮。提取信息结束后，选择第 20 步，并打开"点追踪"，可以看到这三个点的变形后的坐标值，如图 6.21 所示。

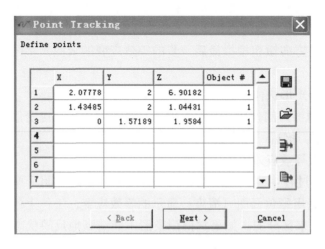

图 6.20　变形前的三点坐标信息

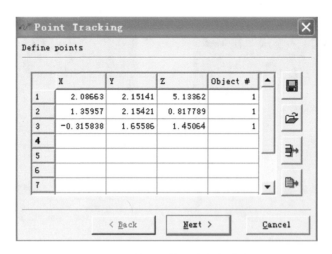

图 6.21　变形后的三点坐标信息

6.3.4 对象上剖切面的选择

DEFORM-3D 允许通过剖切对象来查看剖切面上不同的特征变量。选择有对象的视窗，回到单一视窗模式。接着单击物体树按钮，激活"Block"对象，接下来单击"剖切面" 🌑 按钮，打开"Slicing"窗口。

本例采用"1Point+Normal"（一点和一法向矢量）的方法确定剖切面，如图 6.22 所示。其操作步骤如下。

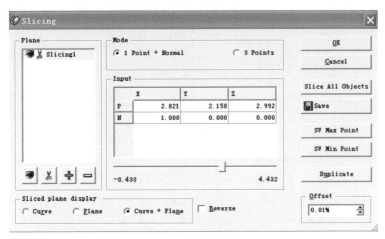

图 6.22　剖切面的确定

① 在工件中部表面上选择一点。

② 设定法向矢量方向为 X 方向。

③ 剖切平面显示方式分别选择"Curve"（曲线形式）、"Plane"（平面）、"Curve+Plane"。

按上述步骤剖切的效果图如图 6.23 所示。

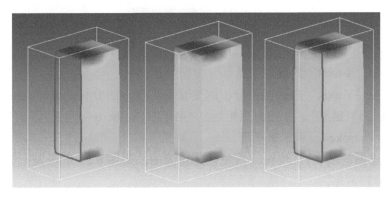

图 6.23　数据文件检查信息

剖切面选定后就可以选择状态变量来分析剖切面上状态变量的分布了。

6.3.5 载荷行程曲线的绘制

点击菜单栏上的 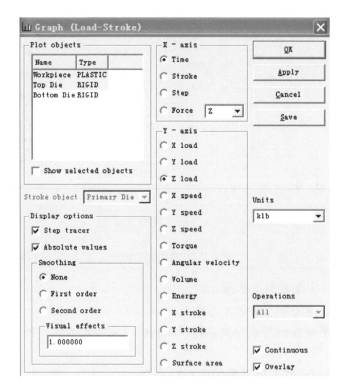 按钮，可以提取模拟过程中受力物体的载荷，并以曲线形式表达出来。单击此按钮，出现如图 6.24 所示的对话框。操作过程如下。

图 6.24 提取载荷对话框

① 在"Plot objects"栏中选中要分析的受力物体。

② 在"X-axis"内选定变量。

③ 在"Y-axis"内选定要分析的变量。可提取的分析变量有"load"（载荷）、"speed"（速度）、"Torque"（扭矩）、"Angular velocity"（角速度）、"Volume"（体积）、"stroke"（压下量）等。

④ 点击"Apply"按钮，出现载荷预测图，如图 6.25 所示为上模具 Z 方向的载荷预测图。

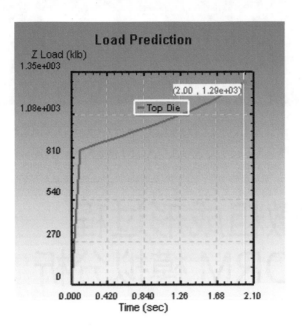

图 6.25　上模具 Z 方向载荷预测图

第 **7** 章

方环镦粗成形过程 DEFORM 模拟分析

　　方环属于非正交对称体（旋转对称），是锻造中常用的零件类型。对数值模拟来讲，可利用其对称性，节省计算时间。DEFORM-3D 软件可通过创建对象的刚性面来定义辅助对称平面，并约束所有的对称面节点仅能在该平面上运动。因此，对于对称体来讲，可以取整体的 1/2、1/4、1/8 或者更小的体积进行模拟，并借助后处理功能表示整体模型的变形情况。本章以方环镦粗成形过程作为实例，详细讲解 DEFORM-3D 软件中对称性模型的设置方法。

7.1
创建新项目

　　本例中，仅提供方环模型的 1/16 进行模拟分析，选取如图 7.1 所示的黑色线框部分。

　　创建新项目，设定项目名称为 "SQRING"，进入前处理窗口。

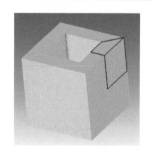

图 7.1　1/16 方环模型的选取

7.2

创建新对象

7.2.1 工件参数设定

激活对象 1，要更改"Workpiece""Object Name"（对象名）为"Billet"，选择"DEFORM3D\V6.1\Labs"目录下的 stl 文件"SquareRing_Billet"作为 Billet 的几何模型。接下来，要对 Billet 进行网格划分，点击物体信息栏中的"Mesh"按钮，在"Number of Elements"栏中，滑动控制块到 5000 网格左右，进行网格划分。

从材料库中导入所需材料，选择"Steel"文件夹下的 AISI-1045 COLD 作为模拟输入材料，完成材料数据的输入。

7.2.2 模具参数设定

添加模具对象"Top Die"，选择"DEFORM3D\V6.1\Labs"目录下的 stl 文件"SquareRing_TopDie"作为 Top Die 的几何模型。

定义模具的运动，选择模具的运动方向为 −Z 轴，设定模具的运动速度为 1 in/s。

7.3

设定对称边界条件

利用对称面进行模拟，边界条件的设定正确与否是模拟正确与否的关键。本例选取的 1/16 方坯具有三个对称面，如图 7.2 所示。

施加三个对称面的具体步骤如下。

① 点击激活"Billet"工件，使其高亮显示。

② 点击物体信息栏中的边界条件加载按钮 ，弹出如图 7.3 所示的菜单。菜单上点 按钮，接着用鼠标点击工件的垂直对称面，此时垂直对称面上的节点高亮显示。

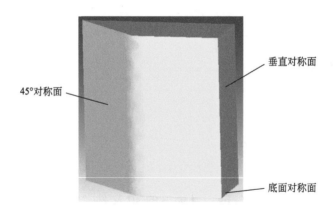

图 7.2　所选模型的三个对称面

③ 点击添加按钮 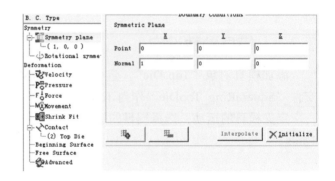，在"Symmetry plane"栏下出现对称面的法向矢量（1, 0, 0），如图 7.4 所示。

图 7.3　选择节点菜单　　　　　　　　图 7.4　对称面设定信息

④ 重复上述步骤，添加其余两个对称面信息。

7.4

设定对象间关系

点击 按钮进入对象间关系定义窗口。单击刚产生的对象关系对，在"Master"栏中点开下拉列表，选择不变形物体（刚体）"Top Die"作为主件，在"Slave"栏中选择变形体（塑性体）"Billet"作为从件。

鼠标单击新定义的对象关系对，接着点击 [✏ Edit...] 按钮，后如 6.1.9 小节一样定义对象间摩擦关系。

以上对象间关系定义完毕后，设定接触容差，本例中设置的接触容差值为 0.002 in。容差值设定完毕后点击 [Generate all]，生成接触关系。

7.5
设定模拟控制信息和生成数据库

进入模拟控制设定窗口后，打开 "Step" 模拟步设定菜单，设置 "Starting Step Number" 为 -1。设置 "Number of Simulation Steps" 为 30。设置 "Step Increment to Save" 为 2，这里表示每 2 步保存一次。

设定 "Primary Die" 为 Top Die。

通过查看工件的网格菜单项的 "Detail Settings"，得知最小单元尺寸约为 0.06in，对于简单模拟而言，可用该值的 1/3 作为步长，即设置 "Solution Steps Definition" 为 "With Die Displacement" 类型，并设置其常数值为 0.02in/step，这样上模将向下（-Z）运动 0.6in。

单击 "存储" 按钮 🖫，以 ".k" 文件形式存储模拟项目的数据信息。

单击 "数据库" 🗄 按钮，单击 "Check" 按钮，检查数据库文件是否能够生成。本例中，工件的体积未设定补偿，因此出现了 ❓ 信息提示符，这个问题对本模拟不会构成精度影响，也不会影响数据库的生成，所以可以不修改。接着点击 "Generate" 按钮生成数据库文件。

数据库生成后就可以退出 DEFORM 软件的前处理，回到 DEFORM 软件的主窗口，首先在项目栏中单击 "SQRING.DB" 文件，使此文件高亮显示，然后单击 "Simulator" 栏中的 "Run" 按钮，进入提交运算对话框，模拟就可以开始。

7.6
方环镦粗后处理

模拟运算完毕后，所有的模拟信息将存储在 SQRING.DB 文件中。在

DEFORM 软件的主窗口的项目文件栏中单击"SQRING.DB"文件，使其高亮显示，接着单击"DEFORM-3D Post"按钮进入后处理界面。

由于模拟采用了对称技术，仅选取了工件的 1/16 进行运算，为了反映整个物体的变形过程，就需要使用对象镜像功能，重新构造整个零件。构造方法是，选择工件的三个对称面进行镜像，具体步骤如下。

① 在物体树中激活"Top Die"对象，接着点击隐藏按钮，抑制 Top Die 的显示，这有利于在视窗单独操作工件。

② 单击并激活"Billet"工件，点击菜单栏中的镜像按钮，打开镜像菜单，激活"Add"开关，用鼠标点击工件的垂直对称面，则在视窗中显示对称后的图形，如图 7.5 所示。

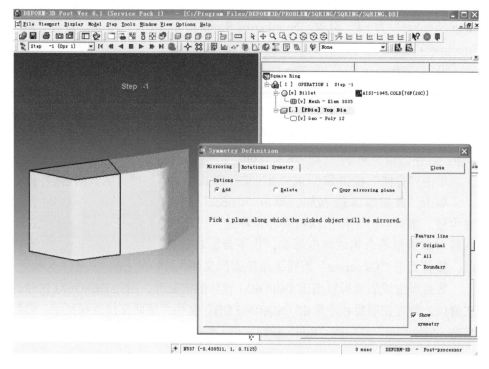

图 7.5　第一次镜像后的图形

③ 重复上述步骤，完成图形的镜像任务，重构整个工件。工件被重构后，就可以分析工件的状态变量了，例如等效应变、变形速度等。

下面介绍方环模拟过程的动画制作。首先点击动画 按钮，弹出动画菜单栏，设置动画参数，其中动画播放始末延迟时间为 200ms，每序列步时间间隔为 100ms，如图 7.6 所示。设置完成后，点击"Save"按钮，系统启动录制动画过程。录制的动画可以是整个变形过程，也是某个状态在整个模拟过程的变化情况。

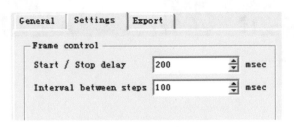

图 7.6 动画录制参数设定

第 8 章

热挤压模具磨损行为
DEFORM 仿真分析

在实际挤压生产中，模具承受着高温、高压、激冷激热和高摩擦的共同作用，工作条件十分恶劣，受力情况非常复杂，容易导致挤压模具的报废和失效。在影响模具寿命的众多因素中，模具磨损起着决定性作用，特别是高温成形过程中因磨损而导致模具失效的情况超过 70%。为此，有必要利用数值模拟方法开展型材挤压模具磨损问题的研究工作。利用传统有限元方法进行模具磨损的研究一般分为两个过程：第一步设置坯料为塑性体，模具为刚体，从模拟结果中提取温度场、速度场等边界条件；第二步设置坯料和模具均为塑性体，将第一步中提取的结果作为模具的边界条件再次模拟，从而获得模具磨损量。这样的方法加长了模拟周期，造成了资源浪费。

本章基于修正的 Archard 磨损理论，介绍了开发计算挤压模具磨损量的子程序并嵌入到 DEFORM-3D 有限元模拟软件中的方法，对实心圆棒的挤压过程进行数值模拟。该方法不同于传统的模具磨损研究方法，它仅需一次模拟便可获得模具磨损量及其分布，并可以此来研究挤压工艺参数对挤压过程及模具磨损量的影响，从而对模具的设计、制造及工艺提出实际性的建议，为模具寿命的预测和提高提供有利的依据。

8.1

DEFORM-3D 磨损子程序的二次开发及嵌入

传统的 Archard 磨损模型已经成功应用于模具磨损分析。其中，磨损量 W 与模具和工件之间的磨损系数 K、模具的表面压力 p、模具与工件之间的相对移动量 x 成正比，与模具的硬度 H 成反比，即 Archard 磨损预测模型可表示为：

$$W = K\frac{xp}{H} \tag{8-1}$$

Archard 的磨损理论仍然适合于铝型材挤压成形，但是硬度和磨损系数不是常量，而是温度的函数，基于此条件提出的修正 Archard 磨损理论可表示为：

$$W(T) = \frac{K(T)LP}{H(T)} \tag{8-2}$$

其中磨损系数 $K(T)$ 和硬度 $H(T)$ 是温度的函数，可以从高温硬度测试和高温磨损测试中得到。

8.1.1 磨损子程序的二次开发

前面已经提到，传统的 Archard 磨损模型被广泛用于预测挤压过程中挤压模具的磨损，但是传统模型中模具硬度和磨损系数是与材料有关的常数。而研究发现，如果成形过程中模具温度超过 400℃后，模具的材料特性（例如模具的磨损系数、硬度等）会随着温度的变化而发生很大的变化。而在铝型材的热挤压过程中模具温度通常均能达到 400℃以上且不断变化。因此采用传统 Archard 磨损模型不能准确描述模具磨损量在热挤压过程中随温度的变化情况，预测结果与实际观察结果存在差距。

修正的 Archard 磨损理论认为硬度和磨损系数不是常量，磨损系数 $K(T)$ 和硬度 $H(T)$ 是温度的函数，并且研究人员通过实验确定了钢质模具的磨损系数和硬度与温度的关系，可表达为：

$$K(T) = 29.29\ln T - 168.73 \tag{8-3}$$

$$H(T) = 9216.4T^{-0.505}$$

本书基于修正的 Archard 磨损模型进行磨损子程序的编写，通过修改 DEFORM-3D 的安装目录下 "UserRoutine/DEF_SIM" 文件夹中的自定义文件——"usr_wear"来实现。将 "usr_wear"文件用记事本打开，对代码进行修改。通过磨损子程序的开发，可以在 DEFORM-3D 的后处理模块中直接得到模具磨损量的数据，直接看到模具磨损量的分布云图。在自定义程序文件 1 中修改的磨损子程序部分代码如下：

```
      IMPLICIT DOUBLE PRECISION (A-H,O-Z), INTEGER (I-N)

         CHARACTER*80 IUSRVL

         real z,k,h
   C
   C    INPUT :
   c       VMC1=TEMP(N)     ! die temperature
   c       VMC2=W1          ! w/p temperature
   c       VMC3=W2          ! sliding velocity
   c       VMC4=DABS(W3)    ! pressure
   c       DTMAXC           ! time step
   c       WI=WEAR(4,N)     ! Wear rate at the previous step
   c        WA=WEAR(5,N)    ! accumulated wear depth upto the previous
step
   C    OUTPUT :
   c       WI=WEAR(4,N)     ! Wear rate at the end of current step
   c       WA=WEAR(5,N)     ! accumulated wear depth upto the end of
current step
   C
            open(22,file='e:\Wear simulation\data.txt',form='formatted',
            +status='old',position='append')

            z=log(vmc1+273.15)
            k=(29.29*z-168.73)/(1000000)
         h=9216.4*(vmc1+273.15)**(-0.505)
         WI=VMC4*k*vmc3*dtmaxc/h
         WA=VMC4*k*vmc3*dtmaxc/h+WA
         write(22,*) dtmaxc
         write(22,"(7f21.10)")
VMC1,VMC2,VMC3,VMC4,k,h,WI,WA
         close(22)

         RETURN
         END
```

8.1.2　磨损子程序的嵌入

磨损子程序的代码编写完成后，要生成应用程序嵌入到 DEFORM-3D 中才能实现磨损量的自动计算。下面是将磨损子程序使用 FORTRAN 软件生成应用程序，嵌入 DEFORM-3D 中的具体步骤。

① 在电脑上安装 DEFORM 6.1，记下准确的安装目录。

② 在 DEFORM 6.1 安装目录下找到安装文件夹，点击"打开"，找到"UserRoutine"文件夹，点击"打开"。

③ 找到"UserRoutine"文件夹下的"DEF_SIM"文件夹 📁 DEF_SIM，将其复制到某盘下（要求非中文路径，故不能直接放在桌面），例如"E:"盘。

④ 将二次开发的磨损子程序文件夹 📁 DEF_SIM 中的"usr_wear"文件 📄 usr_wear 复制到"E:"盘下的"DEF_SIM"文件夹下，替换相应文件。

⑤ 在 DEFORM 6.1 安装目录下找到安装文件夹，在其中找到"Lib"文件夹，打开，将其中的所有 6 个文件复制到"E:"盘下的"DEF_SIM"文件夹中。

⑥ 安装 ABSOFT PRO FORTRAN 8.0 软件，并使其运行"Compiler Interface"选项。在"Compiler Interface"中点击"打开文件"按钮 📂，打开"E:"盘下的"DEF_SIM"文件夹，选择"DEF_SIM_USR_Absoft75"文件，点击"打开"，如图 8.1 所示。此时将出现图 8.2 所示的页面，且"DEFOLDNFOR. LIB""MSVCRT. LIB""WS2-32. LIB"三个文件显示为红色，表示未能匹配。

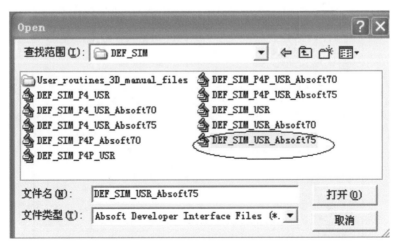

图 8.1　DEF_SIM_USR_Absoft75 文件选择对话框

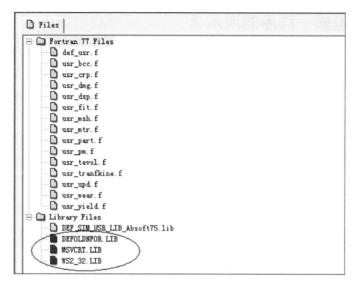

图 8.2 文件匹配显示对话框

⑦ 单击右键，选择"Add/Remove Files"，弹出图 8.3 所示对话框。从下框中选择和图 8.2 中红色三个文件相同的名字的文件，按"Delete"按钮删除；在上框中选择和图 8.2 中红色三个文件相同的名字的文件，按"Add"按钮添加。然后点击"Close"，则图 8.2 所示页面变成图 8.4 所示。

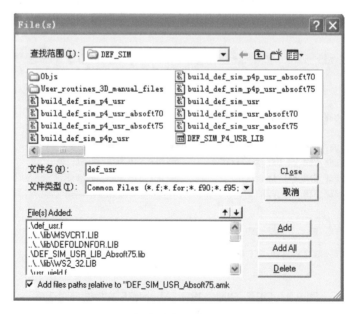

图 8.3 文件删除／添加显示对话框

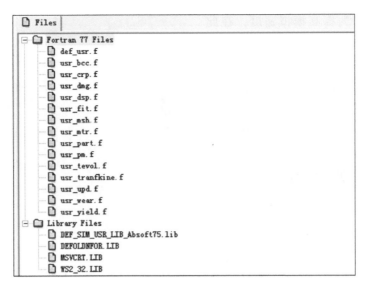

图 8.4　文件操作对话框

⑧ 点击应用程序生成按钮🔍，待软件提示应用程序完全生成时，关闭 Absoft Pro Fortran 8.0 软件。此时复制到"E:"盘下的"DEF_SIM"文件夹中生成了一个应用程序文件 🖥。

⑨ 将 DEFORM 6.1 安装文件中的"DEF_SIM""DEF_SIM_P4"和"DEF_SIM_P4P"文件剪切出安装文件夹或者更改它们的名称。

⑩ 将第⑧步中生成的应用程序文件 🖥 复制到 DEFORM 6.1 安装文件中。至此，在 DEFORM-3D 中嵌入二次开发的磨损子程序工作完成。

8.2

DEFORM 中实心圆棒型材挤压模型的建立

本章研究的对象是直径为 156mm 的 7075 铝合金圆棒的挤压过程，挤压后圆棒直径为 40mm，挤压比为 15.21。考虑到实心型材截面形状相对简单，挤压模具采用锥形导流模，三维实体造型（为便于展示，只显示 1/2）如图

8.5 所示。为提高模拟速度，在此只采用 1/4 模型进行分析。将三维模型中的挤压垫、圆柱体坯料、模具、挤压筒的 1/4 模型分别以 stl 格式输出，并分别取名为 ram.stl、workpiece.stl、die.stl、ram.stl、containter.stl。

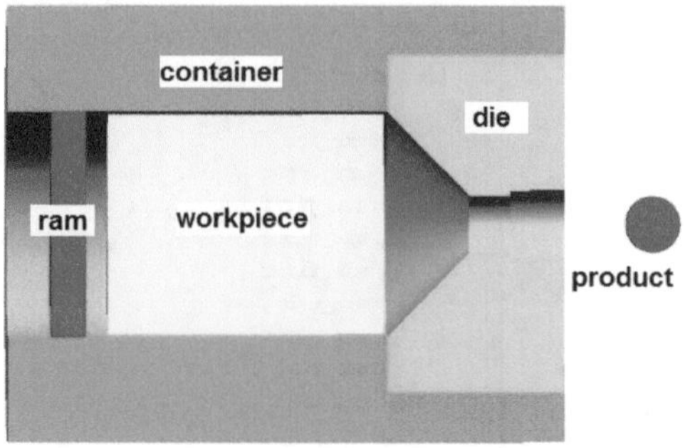

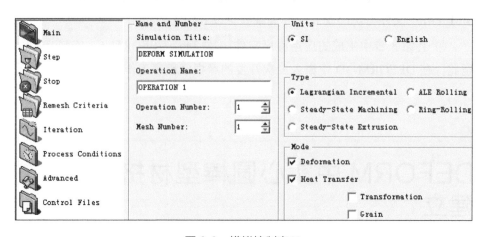

图 8.5　模具建模示意图

8.2.1　创建新项目

① 打开 DEFORM-3D 软件，进入 DEFORM-3D 主界面，单击 📂 按钮，更改工作目录在 "F:" 盘下 (任何非中文路径均可)。

② 单击 📄 按钮建立新任务，进入项目类型对话框，选择 "DEFORM-3D preprocessor"，然后点击 "Next" 按钮，在当前文件夹下，进入项目名称对话框，输入名称，单击 "Finish" 按钮，进入前处理界面。

8.2.2　设置模拟控制初始条件

点击 🐝 按钮，进入模拟控制窗口，点击 "Main" 选项更改单位、类型、模型等，按照图 8.6 设置。注意选中热交换选项，否则不能进行网格划分。

图 8.6　模拟控制窗口

8.2.3　输入对象模型

① 在 DEFORM-3D 中导入几何模型。在物体信息栏中单击 General 按钮，

进入对象概要信息设置对话框，单击 [Geometry] 按钮，在弹出的对话框中单击 [Import Geo...] 按钮，找到之前保存的 stl 文件，导入 billet.stl。设置坯料类型，在"Object Type"中选择"Plastic"。按照同样的方法完成模具、挤压垫和挤压筒几何模型的导入，均定义为"Rigid"。

② 点击 [Mesh] 按钮，进行网格划分。因为模拟的型材形状不是很复杂，故采用相对网格划分，坯料网格数目设置为 12000，模具为 6000，挤压垫为 2000，挤压筒为 5000。其中模具要在工作带和锥形导流面部分进行网格细化。

局部网格细化的目的在于让变形大的地区得到较小的网格，以有利于反映真实的变形并节省计算时间。在"Mesh | Detailed Setting | Weight Factors"中可以设置权重因子，还有一个重要的设置是将"Mesh Density Windows"（网格密度窗口）因子设为"1"，如图 8.7 所示，待设置完毕后随即启动标签 Mesh Window。

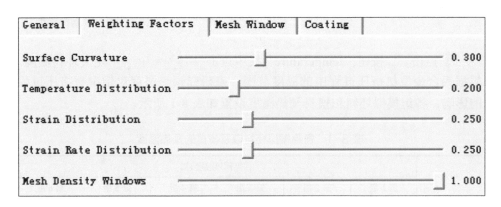

图 8.7　局部网格细化窗口

然后在"Windows"区域内点击"Add"，在屏幕的图形显示窗口左下方弹出一个小窗口，可以定义局部区域。"Size Ratio to Elem Outside Window"用来调整窗口内部单元与外部单元的比率，不能太大，设为"0.01"，如图 8.8 所示。"Velocity"（速度）栏表明局部网格细化的窗口是以该速度向其矢量方向运动，该参数的设置与模具和工件的接触变形区有关。如果接触变形区是随着时间变化的，想要变化的接触变形区始终都得到局部细化网格，那么窗口的速度就应该等于接触区变化的速度。此处不动，设置为 0，网格划分结果如图 8.9 所示。

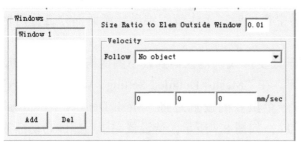

图 8.8　内部单元与外部单元的比率设置窗口

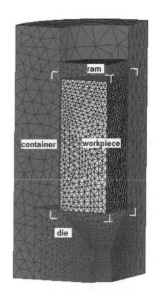

图 8.9　DEFORM-3D
中建立的三维网格模型

③ 点击 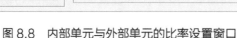 按钮，"temperature" 栏中点击 Assign temperature... 定义坯料温度。根据铝合金型材挤压过程中的温度范围，来研究预热温度对铝型材挤压过程的影响，各组模拟坯料和模具预热温度设置如表 8-1 所示。

表 8-1　各组模拟坯料以及模具的预热温度

项目	各组预热温度 /℃					
	第 1 组	第 2 组	第 3 组	第 4 组	第 5 组	第 6 组
坯料	400	430	455	480	505	530
模具	370	400	425	450	475	500

④ 建立材料模型。点击 按钮从材料库中导入材料。坯料材料选择"Aluminum-7075 [750-1000F(400-550C)]"，并将材料定义为塑性体，如图 8.10 所示。材料的流动应力模型如式 (8-5) 所示：

$$\dot{\varepsilon} = A\sqrt[n]{\sinh(\alpha\overline{\sigma})} \exp[-\Delta H/(RT)] \tag{8-5}$$

其中与材料有关的常数 $A=1.027\times10^9$，常数 $\alpha=0.0141$，激活能 $\Delta H=129400\text{J/mol}$，应力指数 $n=5.41$，气体常数 $R=8.314$ J/(mol·K)，T 为绝对温度；$\dot{\varepsilon}$ 为等效塑性应变速率；$\overline{\sigma}$ 为流动应力。

模具、挤压垫和挤压筒的材料选用"AISI-H-13[1450-1850F (800-1000C)]"，定义为刚体。

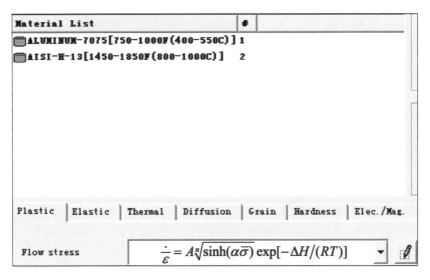

图 8.10　材料定义界面

⑤ 定义对称面。点击 按钮，在"Symmetry"选项中设置对称面，先选择其中一个对称面，然后点击"+"，将其加为对称面；再选择另一个对称面然后点击"+"，将其加为对称面。"Symmetry"选项下将变为含有（0,0,-1）和（0,-1,0）两个对称面，如图 8.11 所示。

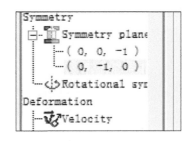

图 8.11　对称面设置

⑥ 定义运动，这里只需添加挤压垫的运动。点击 按钮，选择运动方向为 X 方向，运动速度根据研究需要设定，如图 8.12 所示。这里为研究挤压速度对挤压过程和模具磨损量的影响，将挤压速度分别设定为 0.5、2、5、10、15、20、25（单位：mm/s）。

⑦ 物体定位。导入的物体之间没有生成接触，这里需要进行物体定位。首先点击 按钮，在弹出的设置对话框中按照图 8.13 所示进行设置，出现询问对话框点击"YES"，生成坯料和模具的定位。

然后进行挤压垫和坯料之间的定位。点击 按钮，在弹出的设置对话框中按照图 8.14 进行设置，出现询问对话框点击"YES"，生成挤压垫和坯料的定位。

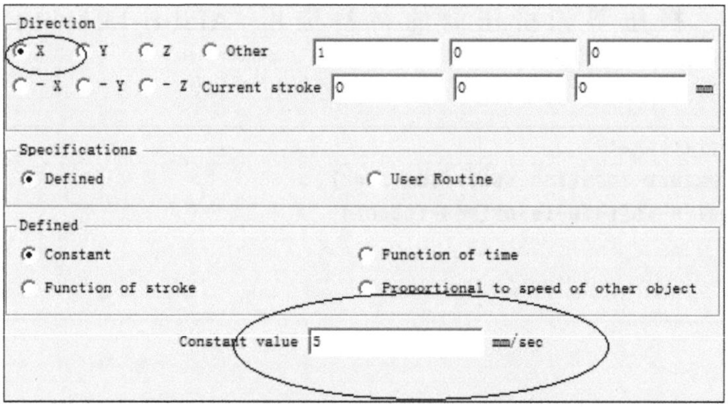

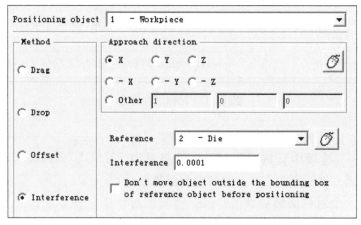

图 8.12　挤压垫（ram）的运动设置

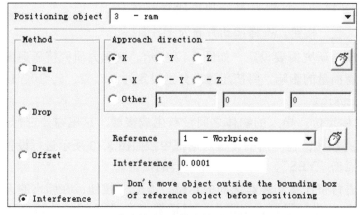

图 8.13　坯料与模具定位关系设置对话框

图 8.14　坯料与挤压垫定位关系设置对话框

此时各部分之间的关系如图 8.15 所示：

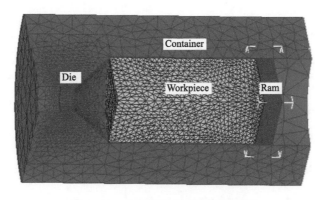

图 8.15　各部分定位后的位置关系

⑧ 对象间关系设置。点击 ⬚ 按钮，出现询问创建对象间关系的对话框时点击"YES"，此时出现对象间关系设置对话框，如图 8.16 所示。双击第一栏添加模具和坯料之间的对象关系设置，按照图 8.17 设置，摩擦类型选择"Shear"，摩擦系数设为 1。热导率在下拉菜单中选择"Forming"，系统会自己生成 11。由于本例磨损子程序是在 DEFORM-3D 用户自定义 1 中修改的，故此处磨损类型选择自定义 1 型。

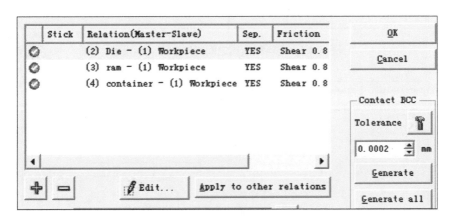

图 8.16　对象间关系设置对话框

值得注意的是，工作带部分的摩擦力不是剪切摩擦，而是库伦摩擦，因此要对模具工作带部分进行额外的摩擦设置。点击"Friction Window"选项卡，可以在这里通过添加窗口的方式定义工作带的摩擦类型及摩擦因子，如图 8.18 所示，被选中的窗口呈现高亮状态。

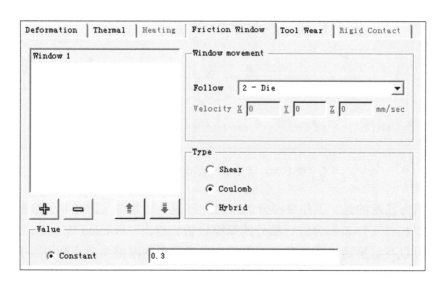

图 8.17 坯料和模具之间的对象间关系设置

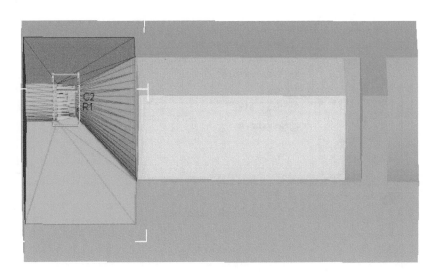

图 8.18　工作带摩擦定义

设置完成后点击"Generate all"，生成接触，接触部分高亮显示，如图 8.19 所示。

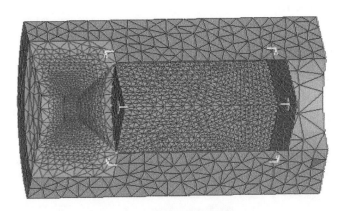

图 8.19　接触部分高亮显示

⑨ 热交换边界条件设置。模具、坯料、挤压垫、挤压筒之间的热交换均已通过对象间关系进行了定义，因此定义热交换边界条件只需要再设置与环境的热交换。因为模具、挤压垫、坯料等都是在挤压筒内的，不与环境进行接触，因此只需要定义挤压筒与环境内的边界交换条件。通过 Bdry. Cnd. 按钮中的 Heat Exchange wi···Defined 来定义与环境的热交换，环境温度为 20℃，热交换设置页面如图 8.20 所示。

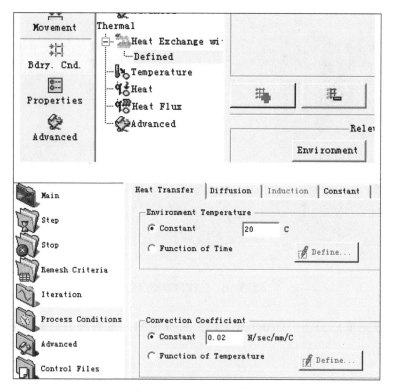

图 8.20　热交换设置界面

8.2.4　设置模拟控制

点击"模拟控制"按钮，设置模拟步数为 120 步，每 5 步一存，步长为常数 1mm，挤压垫（ram）为主模具，如图 8.21 所示。

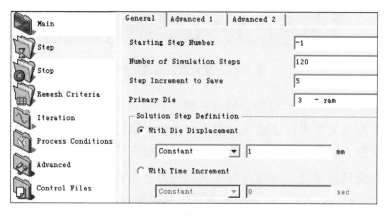

图 8.21　模拟控制设置

8.2.5　生成数据库

点击"数据库生成"按钮，选择数据库保存路径，先点击"Check"，检查设置正确，点击"Generate"按钮，生成数据库。

8.3
实心圆棒型材挤压过程模拟的结果及分析

8.3.1　挤压速度对挤压过程的影响

通常挤压速度越大，生产效率越高。但是过大的挤压速度会使模具、坯料、挤压筒的温度太高，不仅会降低模具的寿命，而且会因温度过高使型材表面质量下降，出现模痕加重缺陷，甚至出现粘连、凹印、撕裂等缺陷而使产品报废。挤压速度对铝型材挤压过程具有非常重要的影响。

为研究不同挤压速度下挤压方向上模具各点的物理量分布规律，从导流槽入口到模具工作带之间取 14 个测量点，如图 8.22 所示 P1 ~ P14。

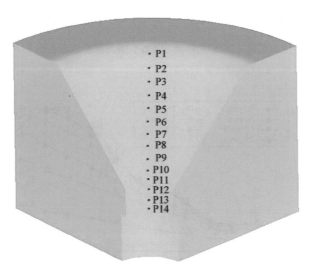

图 8.22　测量点分布实体示意图

8.3.2 挤压速度对模具最高温度的影响

以挤压速度为 5mm/s、挤压进行第 90 步时模具温度场云图分布为例，如图 8.23 所示，此时模具内腔温度较高、温升较快，而远离坯料的部位温度几乎保持在预热温度范围。沿锥形导流槽入口到模具工作带（从 P1 到 P14）模具温度不断上升。模具工作带入口处坯料变形最为剧烈，材料流动受到阻碍，模具与坯料热交换时间最长，因此，此处模具温度最高。工作带成形区域温度较入口处温度稍有降低，这是因为工作带可认为是一个等径成形部位，坯料稳定向前推进，对工作带的径向冲击反而减小。温度分布规律也可以通过图 8.24 显示出来。此外，由图 8.24 还可看出，模具各测量点温度随着挤压速度增大而提高。这是因为挤压速度越大，单位时间内坯料变形产生的变形功及其转变成的热能越多，模具温度和坯料温度就会越高。

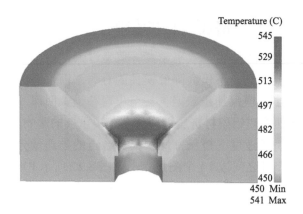

图 8.23　挤压速度 v=5mm/s 模具温度场云图分布

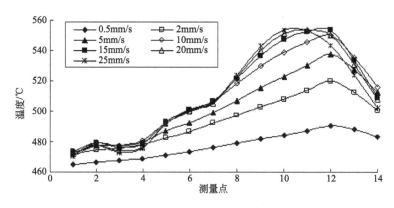

图 8.24　不同挤压速度下模具测量点的温度分布

图 8.25 所示为不同挤压速度下、第 90 步时模具温度场的云图分布情况。由图 8.25 还可以看出，挤压速度由小变大时，模具上能响应温度变化的范围逐渐变小。挤压速度为 0.5mm/s 时在模具内腔向外较深范围内都能响应温度变化；而挤压速度为 25mm/s 时，只在模具内腔向外较浅的范围内响应温度变化。这也是因为挤压速度较小时，坯料与模具的热交换时间较长，能量传递更多。

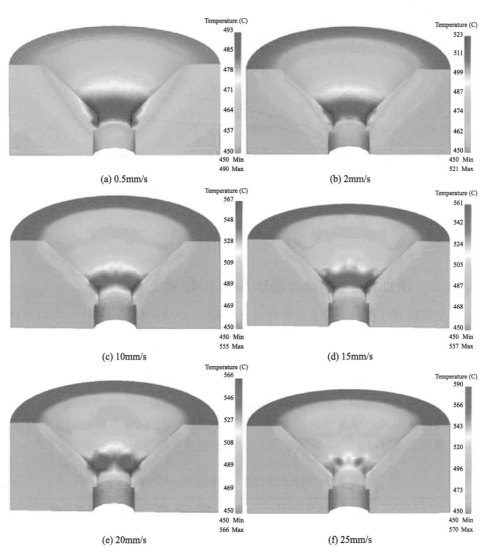

图 8.25　挤压速度对模具温度场分布的影响

图 8.26 为坯料和模具的最高温度与挤压速度之间的关系。可以看出，坯料温度和模具温度均随挤压速度的增大而提高。这是因为铝型材挤压是在挤

压筒内完成的，通常是在近似于绝热的条件下进行，材料变形过程中大量的变形功转变成热能而传递给坯料和模具，另外模具和坯料之间存在摩擦，产生热量。随着挤出速度提高，坯料温度上升较快（表现为坯料温度随挤出速度的增大几乎呈直线趋势上升）；但由于变形坯料向模具传递热量需要一定时间，因此模具温度的上升速度较缓和（表现为模具温度随挤出速度的增大呈凸线趋势上升）。

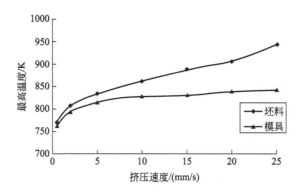

图 8.26　坯料和模具最高温度与挤压速度的关系图

8.3.3　挤压速度对模具磨损系数和硬度的影响

提取模拟过程中模具上最高温度，根据式（8-3）和式（8-4），可以分别计算模具磨损系数和硬度，计算结果如表 8-2 所示，并且由此可以得到磨损系数、硬度与挤压速度之间的关系，分别如图 8.27 和图 8.28 所示。由图 8.27 可见，模具磨损系数随挤压速度的提高，呈现上升趋势，但增大速度随着挤压速度的提高而变缓。如图 8.28 所示，模具硬度随着挤压速度的提高，呈现降低趋势，但减小速度随挤压速度的提高而变缓。图 8.29 和图 8.30 给出了模具上各测量点处的磨损系数和硬度随挤压速度的变化情况。

表 8-2　模具最高温度、磨损系数、硬度数据

速度 /（mm/s）	模具最高温度 /K	磨损系数 /10^{-6}	硬度HB
0.5	763	25.675	322.765
2	794	26.842	316.339
5	814	27.570	312.390
10	828	28.070	309.711
15	830	28.141	309.333

速度/（mm/s）	模具最高温度/K	磨损系数/10^{-6}	硬度HB
20	839	28.456	307.653
25	843	28.596	306.915

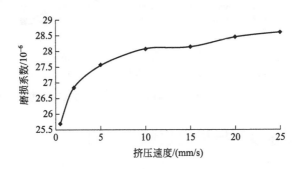

图 8.27　模具磨损系数与挤压速度的关系图

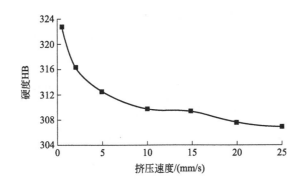

图 8.28　模具硬度与挤压速度的关系图

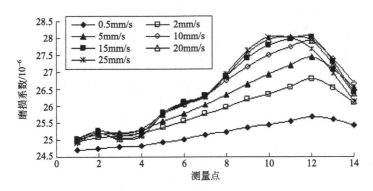

图 8.29　不同挤压速度下模具各测量点处模具磨损系数变化曲线

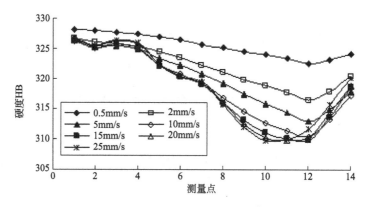

图 8.30　不同挤压速度下模具各测量点处模具硬度变化曲线

8.3.4　挤压速度对模具磨损量的影响

图 8.31 是挤压速度为 5mm/s、第 90 步时模具磨损量的分布情况。可以看出，模具磨损主要集中在模具工作带入口处。这是因为模具工作带入口处是铝型材挤压的瓶颈，坯料在此处变形剧烈、受阻碍较大，此处也是模具正压力和温度较高的部位，硬度最低，磨损系数最大，故磨损量最大，容易导致模具失效。

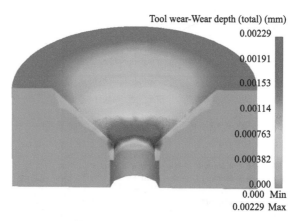

图 8.31　挤压速度 v=5mm/s 时磨损量分布云图

由图 8.32 可看出，模具同一位置的磨损量随挤压速度增大而增大，但不同速度之间引起的差别是不均匀的，挤压速度为 2mm/s 和 5mm/s 之间的差别不大，挤压速度为 10mm/s、15mm/s、20mm/s 之间的差别也不大。而对相同的挤压速度，沿着锥形导流槽入口到模具工作带（P1 ～ P14），模具磨损量先增大后减小，其中模具工作带入口处的 P12 附近磨损量最大。

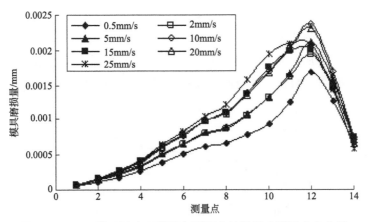

图 8.32　不同挤压速度下模具各测量点处模具磨损量变化曲线

　　模具磨损量受挤压速度的影响是多方面的。一方面挤压速度越大，单位时间内产生的坯料变形功就会越多，坯料和模具的温度越高，引起模具磨损系数增大、硬度降低，使模具磨损量增加；另一方面随坯料温度升高，坯料流动性增强，所需挤压力变小，有利于减少模具磨损。在较小挤压速度时前者起主导作用，而在较大挤压速度下后者起主导作用。从图 8.33 中可以看出，随挤压速度增大，模具最大磨损量呈上升趋势。挤压速度为 10mm/s 时出现了模具磨损量极大值。这是因为当挤压速度 <10mm/s 时，温度升高使模具磨损系数增加、硬度下降起主导作用，模具最大磨损量随挤压速度的增大而增加；挤压速度在 10 ~ 15mm/s 的区间内时，因材料流动性增强带来的有利因素占主导，磨损量随挤压速度提高呈下降趋势。随后，模具磨损量随挤压速度的提高而显著增加。

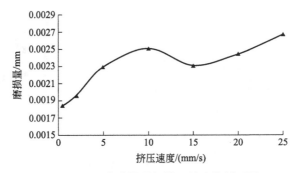

图 8.33　最高磨损量与挤压速度的关系图

8.3.5　挤压速度对最大挤压力和模具正压力的影响

　　图 8.34 表明随挤压速度增加，挤压所需的最大挤压力呈增大趋势，挤压

速度越大，单位时间内坯料的变形程度和应力越大，并且随着变形速度的增大，材料的抗拉强度不断提高。又因为挤压力与抗拉强度成正比关系，因此所需挤压力会增加。当挤压速度较大时，产生的热量来不及散失而使坯料的温度上升、流动性增强，使挤压力随着挤压速度提高而有所下降。

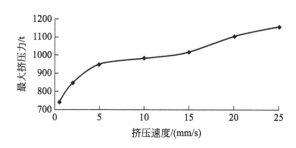

图 8.34　最大挤压力与挤压速度的关系图

$1t=1000kgf=9.8×10^3N$

从图 8.35 可以看出，从 P1 到 P14，模具各处所受的压力呈下降趋势，但在 P12 附近（工作带入口处）均有增大的波动。这是因为模具的工作带入口处坯料的流动受到很大的阻碍，材料克服阻力流动对模具的正压力增大。而 P13、P14 均是模具工作带上的点，因模具工作带处的挤压成形是一个材料直径不变的过程，因此可以较为平稳地向前推进，材料对模具侧壁的压力减小，模具受到的压力迅速减小到较小值。

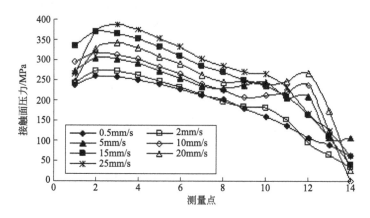

图 8.35　不同挤压速度下模具各测量点处模具压力变化曲线

8.3.6　坯料和模具预热温度对挤压过程的影响

为研究坯料和模具的预热温度对挤压过程的影响规律，坯料预热温度分别设定为 400、430、455、480、505、530（单位：℃），模具预热温度依次比坯料预热温度低30℃。坯料温度和模具温度随坯料预热温度的提高而增加，如图 8.36 所示，模具最高温度发生在工作带入口处，即 P12 点附近，如图 8.37 所示。

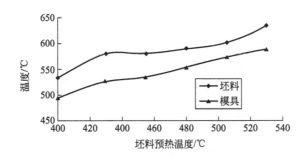

图 8.36　最高温度与预热温度的关系图

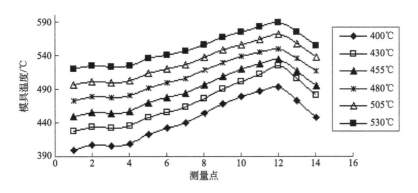

图 8.37　不同坯料预热温度下模具温度与位置的关系

如图 8.38 所示，随着坯料预热温度的提高，模具最大磨损量呈先上升后下降的趋势。坯料预热温度为480℃、模具预热温度为450℃时，出现了模具磨损量极大值。这是因为当坯料和模具的预热温度较低时，温度升高使模具磨损系数增加、硬度下降起主导作用，模具最大磨损量随挤压速度的增大而增加；两者预热温度较高时，因材料流动性增强带来的有利因素占主导，模具磨损量随预热温度的增加呈下降趋势。

图 8.39 为完成挤压过程所需的最大挤压力与坯料预热温度的关系图，可见挤压力随着预热温度的升高而下降。坯料预热温度从 400℃升高到 530℃，材料的塑性加强，模具与坯料的摩擦阻力减小，最大挤压力由 1372 t 减小到 883 t，减少了 35.6%，影响非常显著。但是坯料预热温度对磨损量的影响并不明显。虽

然随着坯料预热温度的提高，模具温度提高，磨损系数升高、硬度降低，但坯料预热温度的提高和大量变形热也使材料的流动性增强、摩擦程度降低，各种因素综合影响下，模具磨损量受坯料预热温度影响不明显，如图 8.40 所示。

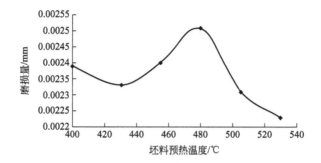

图 8.38　不同坯料预热温度下模具最大磨损量

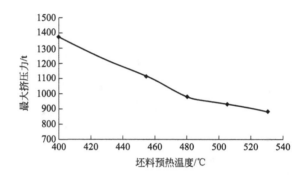

图 8.39　最大挤压力与坯料预热温度的关系图

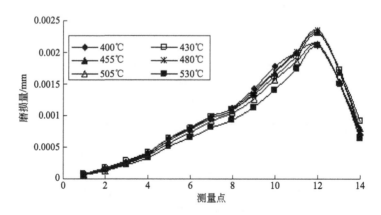

图 8.40　不同坯料预热温度下磨损量与位置的关系

参考文献

[1] LOGAN D L. A First Course in the Finite Element Method .6th edition, Mason, OH: Cengage Learning, 2016.

[2] KIM N H, SANKAR B V, KUMAR A V. Introduction to Finite Element Analysis and Design 2nd edition. Hoboken, NJ : John Wiley & Sons, 2018.

[3] eta/DYNAFORM Training Manual 5.8.1. Engineering Technology Associates, Inc. 2011.

[4] 孔凡新，吴梦陵，李振江，等 . 金属塑性成型 CAE 技术 : DYNAFORM 及 DEFORM. 北京：电子工业出版社 , 2018.

[5] 苏春建，于涛 . 金属板材成形 CAE 分析及应用 . 北京：国防工业出版社 , 2011.

[6] 王秀凤，杨春雷 . 板料成形 CAE 设计及应用——基于 DYNAFORM. 3 版北京：北京航空航天大学出版社 , 2016.

[7] 李传民，王向丽，闫华军，等 . DEFORM5.03 金属成形有限元分析实例指导教程 . 北京：机械工业出版社 , 2007.

[8] 梅瑞斌 . 金属塑性加工过程有限元数值模拟及软件应用 . 北京：科学出版社 , 2020.

[9] 胡建平，李小平 . DEFORM-3D 塑性成形 CAE 应用教程 (第 2 版). 北京：北京大学出版社 , 2020.

[10] 龚红英，刘克素，董万鹏，等 . 金属塑性成形 CAE 应用——DYNAFORM. 北京：化学工业出版社 , 2015.

[11] 李积彬，伍晓宇，毛大恒 . 铝型材挤压模具 3D 设计 CAD/CAE 实用技术 . 北京：冶金工业出版社 , 2003.

[12] 彭必友，殷国富，傅建，等 . 铝型材挤出速度对模具磨损程度的影响 . 中国有色金属学报 , 2007, 17(9):1453-1462.

[13] 林高用，冯迪，郑小燕，等 . 基于 Archard 理论的挤压次数对模具磨损量的影响分析 . 中南大学学报 (自然科学版), 2009, 40(5):1245-1255.

— 本书配有丰富在线资源 —
打造专业精品教材

 配套微课： 视频课程生动直观

 配套课件： 匹配教材深度讲解

 拓展资源： 拓展知识，助力学习

微信扫码　开启线上学习之旅